本书得到哈尔滨市科技计划自筹经费项目（2022ZCZJCG033）“反胶束微乳液体系超声辅助制备DHA米糠甾醇酯及其微胶囊研究”基金资助支持
本书得到哈尔滨市总工会屈岩峰高技能人才（劳模）创新工作室基金资助支持
本书得到哈尔滨学院横向科研项目“离子液体微环境酶的定向固定化及其在农林食品加工中应用”基金资助支持
本书得到哈尔滨学院青年博士科研启动基金项目（HUDF2020103）“超声辅助离子液体微乳液体系植物甾醇酯的合成及其反应机理研究”基金资助支持

磷脂酶磁性定向固定化及其在大豆油脂脱胶中的应用

屈岩峰　著

中国纺织出版社有限公司

图书在版编目（CIP）数据

磷脂酶磁性定向固定化及其在大豆油脂脱胶中的应用 / 屈岩峰著 . -- 北京 ：中国纺织出版社有限公司，2023.3
ISBN 978-7-5229-0329-3

Ⅰ . ①磷⋯　Ⅱ . ①屈⋯　Ⅲ . ①磷脂酶 — 应用 — 食用油脂工业 — 研究　Ⅳ . ① TS224

中国国家版本馆 CIP 数据核字（2023）第 024718 号

责任编辑：范红梅　　责任校对：高　涵　　责任印制：王艳丽

中国纺织出版社有限公司出版发行
地址：北京市朝阳区百子湾东里 A407 号楼　邮政编码：100124
销售电话：010—67004422　传真：010—87155801
http://www.c-textilep.com
中国纺织出版社天猫旗舰店
官方微博 http://weibo.com/2119887771
天津千鹤文化传播有限公司印刷　各地新华书店经销
2023 年 3 月第 1 版第 1 次印刷
开本：710 × 1000　1/16　印张：10
字数：152 千字　定价：58.00 元

前言

为了提高固定化磷脂酶活性、稳定性及重复利用率，并降低脱胶产品的含磷量，结合生物信息学，对磷脂酶的活性中心进行分析，以此指导酶的定向固定化，利用定向固定化磷脂酶脱胶，建立一种在磁流化床中进行酶法脱胶的新方法。本书主要研究了磷脂酶的脱胶方法，利用磷脂酶进行单一酶法脱胶、联合脱胶和多效脱胶。本书研究了多种磷脂酶在脱胶过程中体现的特性，以此为基础，研究酶法联合脱胶和多效脱胶的效果及可能存在的抑制或促进机制，寻求一种高效且能够生产低磷含量大豆油脂的最佳脱胶方法。同时，本书也分析了磷脂酶 A_2（PLA_2）的生物学信息，推测酶与底物可能存在的反应机制，将酶与配体 PA 进行分子对接，以此确定其活性中心氨基酸残基及活性基团。通过对非活性中心氨基酸残基分步的分析，确定潜在的固定化最佳位点。在此基础上，分析并确定最适合的磁性载体，制备、修饰、表征磁性载体。将 PLA_2 固定在磁性载体上，得到最佳固定化条件及酶学性质表现良好的固定化 PLA_2 产品。通过酶活性分析、动力学分析、结构分析等手段对定向固定化 PLA_2 进行评价。对磷脂酶 C（PLC）进行了生物信息学分析，推测酶与底物可能存在的反应机制，将 PLC 与 PC 进行分子对接，确定活性中心的氨基酸残基及其活性基团。结合磷脂酶非活性中心的氨基酸残基分布分析，确定 PLC 潜在的固定化最佳位点。结合 PLC 的最佳固定化位点，分析磁性载体的修饰基团，对磁性载体进行制备、修饰及表征。制备固定化 PLC，研究影响固定化效果的因素。并对固定化 PLC 进行酶学性质研究，确定其具有较好的酶学特性，有利于其活性的发挥。通过酶活性分析、动力学分析、结构分析等手段对定向固定化 PLC 进行评价，以确定其为定向固定化。设计出了磁流化床脱胶系统，并研究流化床中脱胶的反应条件，将两种定向固定化磷脂酶应用于自制的磁流化床中进行酶法脱胶，建立一种酶法连续脱胶的新方法，得到低磷含量大豆油脂产品。

为磁性固定化磷脂酶在磁流化床中连续脱胶的产业化提供现实依据。

本研究利用模拟手段发现了 PLA_2 与 PLC 在脱胶过程中发挥主要作用的活性中心氨基酸及活性基团，并结合酶的三维构象分析，分别指导两种磷脂酶的定向固定化，保留酶的活性中心，最大限度地保留了两种固定化磷脂酶的活性。建立了在固液双循环磁流化床中固定化 PLC 与固定化 PLA_2 酶法多效连续脱胶的方法，外加磁场代替机械搅拌，并在两个循环体系中分别优化反应条件，使两种磷脂酶的活性得到充分发挥，降低了大豆油脂的含磷量。

本研究在脱胶过程中将 PLC 和 PLA_2 分别与各自配体对接，在寻找其活性中心方面进行了部分工作，取得了一些成果，但因为时间和精力所限，未尽之处，深感遗憾。以下方面需要进一步完善：本研究仅对 PLC 作用于 PC 和 PLA_2 作用于 PA 进行了分子对接研究，对接后确定了各自的活性中心氨基酸。然而，由于磷脂是一类混合物，其中，除含量较高的水化磷脂 PC 和非水化磷脂 PA 外，还存在部分 PE、PI 等物质，这些物质虽然含量相对较少，但同样会被相应的磷脂酶催化而发生水解反应，不同的配体与不同的磷脂酶作用，其活性中心氨基酸可能有所区别。同样，机理也许会有所不同，由于精力有限，这部分研究尚须进一步探索。从能量角度考虑反应的难易程度是考查反应的重要途径，许多学者已经从反应的动力学与热力学方面对磷脂酶脱胶反应进行过部分研究，但其深度极为有限。近年来，应用较多的关于能量计算的软件是 Gauss 软件，利用该软件可以进行酶参与的动力学反应能量分析，但由于反应物和酶的相对分子质量相对较大，计算一个过程，单纯的计算时间往往需要十几个小时甚至更久。该实验设计的耗时耗资均很大，本课题并未从此角度进行研究，这方面有待其他研究者做进一步的工作。

屈岩峰

2022 年 11 月

目 录

第一章

磁性纳米载体定向固定化磷脂酶

第一节　油脂脱胶过程中遇到的关键问题

磷脂（Phospholipid）是指含有磷酸的脂类。人体内的磷脂是生命基础物质，其在活化细胞、维持新陈代谢等方面均发挥了重要作用。从植物中提取的磷脂，近年来已经证明其具有一定的增强记忆力、加快大脑细胞和神经细胞间信息传递速度、预防老年痴呆等作用。但油脂产品中存在的磷脂，对油脂的贮藏和煎炸等应用是极为不利的。这主要由于磷脂在保存时会发生水化现象，产生大量的油脂沉淀，易使油脂氧化；在煎制时，磷脂会产生大量泡沫，焦化结成黑褐色沉淀，影响食用油脂的品质并降低油脂的烟点，较低的烟点意味着油脂抗氧化能力差、耐高温能力差。所以，食用油中磷脂的含量越低越好。

油脂脱胶就是脱除油脂中存在的磷脂的过程，按照其与水的亲和性，磷脂可以分为两类：一类是水化磷脂，即加水即可除去的那一部分磷脂，主要为磷脂酰胆碱（PC）和磷脂酰肌醇（PI）；另一类是非水化磷脂，即加水难以除去，需要加磷酸等试剂脱除的那一部分磷脂，主要为磷脂酰乙醇胺（PE）和磷脂酸（PA），油脂脱胶就是要脱除这两类磷脂。脱胶的方法根据原料不同，采用的原理不同可以分为水化法、吸附法、酸炼法及化学试剂法等，其对磷脂的脱除效果均不尽理想，所以，近年来可以高效脱除磷脂的酶法脱胶逐渐成为研究热点。但目前酶法脱胶存在两大问题：

第一，常用的磷脂酶主要为磷脂酶 A_1（Phospholipase A_1，PLA_1）、磷脂酶 A_2（Phospholipase A_2，PLA_2）和磷脂酶 C（Phospholipase C，PLC）。其中，PLA_1 和 PLA_2 可以同时脱除水化磷脂与非水化磷脂，但其用时较长，往往超过 4 h，降低了连续化生产效率；而 PLC 脱胶效率较高，用时较短，但其脱除非水化磷脂效果较差。并且酶法脱胶的预处理阶段，通常对油脂先进行酸处理，引入了酸性化学试剂，也给后续的脱酸工序带来了压力。目前，亟须一种不加入酸试剂且更好地发挥多种磷脂酶特性的多效连续脱胶的方法。

第二，由于游离的磷脂酶无法很好地回收并被重复利用，为降低企业生产成本，可回收并能被重复利用的固定化磷脂酶受到了人们的青睐，但固定化酶由于固定化位点随机，导致其活性受到一定限制。此外，普通的固定化酶在反应过程中，经过机械搅拌，易造成酶的脱落，固定化酶的活性显著降低。

所以，具有位点选择性的磁性定向固定化磷脂酶成为一大发展趋势。目前，国内对于磷脂酶固定化的研究很多，但固定化磷脂酶尚未同时做到高负载量、高活性、高脱胶效率，并且利用生物信息学确定磷脂酶的活性位点、寻找活性基团，以此指导磷脂酶定向固定化的策略尚未见到相关报道。因此，生物信息学指导下的磷脂酶的固定化研究将有效填补磁性定向固定化酶应用于油脂脱胶这一方面的空白，并通过自制磁流化床进行磷脂酶的连续多效脱胶，避免机械搅拌对酶活的损失，有效脱除磷脂、降低产品的磷含量，将为磷脂酶的固定化及大豆油脂酶法脱胶的应用提供重要的科学依据和理论参考。

第二节　磁性纳米载体定向固定化磷脂酶概述

一、磷脂酶概述

磷脂酶是可以催化甘油磷脂各种水解反应的一类酶。不仅在诸多领域具有较高的应用价值，还可以参加生物体内的一系列生物反应。在油脂精炼的脱胶过程中，磷脂酶可以发挥重要的作用，为了能够对酶进行回收，重复利用，降低成本，磷脂酶的固定化技术已经逐渐成为研究的热点。

1. 磷脂酶的分类

根据磷脂酶催化水解磷脂化学键位置的不同可分为5类，分别是：PLA_1、PLA_2、PLC、磷脂酶B（Phospholipase B，PLB）和磷脂酶D（Phospholipase D，PLD）。其在对磷脂的不同位置水解的过程中，均具有较高的专一性，催化产生不同的产物。5种不同的磷脂酶对磷脂的水解反应如图1-1所示，这5种磷脂酶中，油脂精炼最为常用的是 PLA_1、PLA_2 和 PLC。

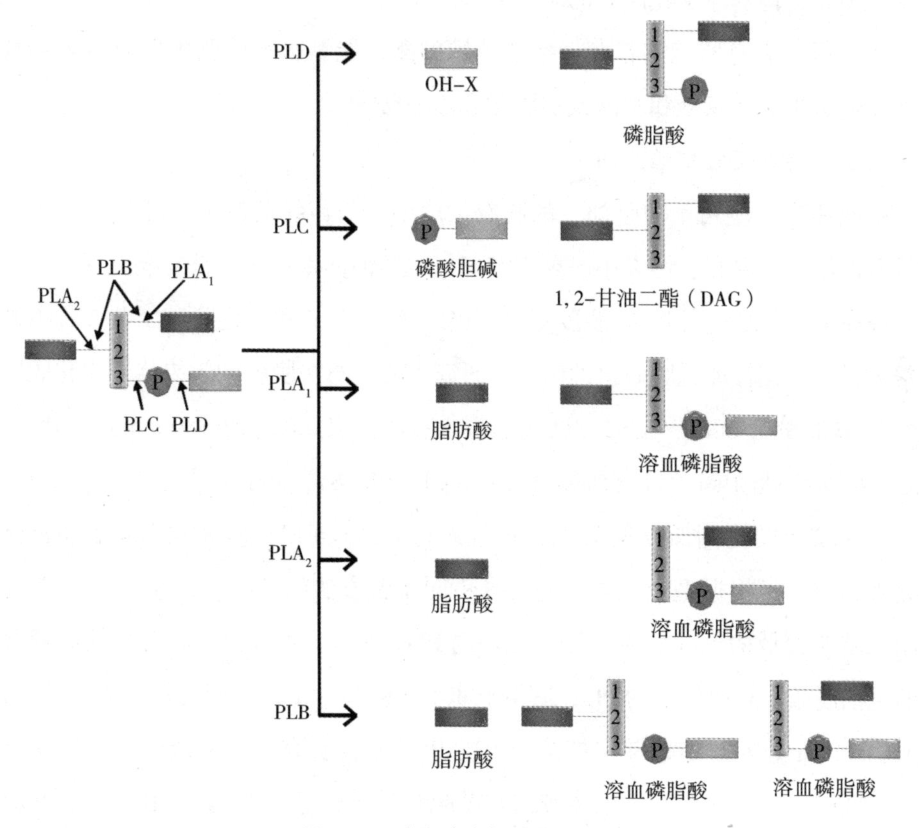

图 1-1　磷脂酶水解磷脂的原理

PLA_1 对磷脂中 Sn-1 位上的酰基具有专一性，可以将磷脂水解，产物为溶血磷脂酸和游离脂肪酸。其中，溶血磷脂酸的亲水性较好，在脱胶过程中能够迅速吸水，进而膨胀，最终将大量非水化磷脂脱除，主要为 PE 和 PA。PLA_1 对水解水化磷脂也有作用，只是酶解时间较长，如 PC 和 PI。

PLA_2 存在于蛇毒、蜂蜜、猪和牛的胰脏及链霉菌属的微生物中。PLA_2 对磷脂中 Sn-2 位上酰基具有专一性，可以将磷脂水解，产物为 Sn-2- 溶血磷脂酸和游离脂肪酸。同样，PLA_2 也可水解水化磷脂和非水化磷脂。

PLB 兼具 PLA_1 与 PLA_2 的特点，可以分别特异性酶解磷脂中 Sn-1 位和 Sn-2 位上的酰基。

PLC 对磷脂 Sn-3 位上的甘油磷酸酯键具有专一性。在其催化下，磷脂水解生成1,2–甘油二酯、磷酸胆碱等含有磷酸基团的化合物。PLC可以专一性地高效水解水化磷脂，但对非水化磷脂的水解收效甚微。

PLD是一类对酯键具有专一性的特殊的酶，能够水解磷脂酰胆碱或磷脂酰乙醇胺，最终生成磷脂酸和胆碱或磷脂酸和乙醇胺。

2. 磷脂酶在脱胶中的应用

磷脂酶广泛应用于油脂加工的脱胶工序中。与传统脱胶方法相比，磷脂酶脱胶具有作用条件温和、污染小、环境友好、脱胶油产率高等优势，备受关注。

Lamas等人比较了PLA_1脱胶工艺、PLA_2脱胶工艺和水化脱胶工艺3种不同脱胶工艺对粗葵花籽油脱胶效果的影响。研究表明，酶法脱胶的效果优于水化脱胶。当酶的添加量为200 U/kg油、反应温度50 ℃、pH 5.0反应180 min时，PLA_1和PLA_2脱胶后油脂中磷含量分别降到3.02 mg/kg和5.81 mg/kg，但其并未对原料油脂中非水化磷脂的比例加以说明。Jiang等人将PLA_1与PLC对8种不同毛油进行脱胶处理，得出了根据毛油性质不同选择不同脱胶方法的结论，PLA_1适用于非水化磷脂和磷含量低的毛油脱胶；酸预处理的PLC适用于非水化磷脂含量低而磷含量高的毛油脱胶；酸预处理的PLA_1适用于非水化磷脂含量高而磷含量低的毛油脱胶。Claudia Elena等人对蜡状芽孢杆菌产生的PLC进行研究，并通过诱导产生变异体F66Y和F66W应用于大豆毛油脱胶，F66Y脱胶效果最好，它能脱去100%的卵磷脂，脱胶大豆油的产量增加1.84%，但其并未对PLC脱除非水化磷脂的效果进行研究。PLB在脱胶中应用的研究较少，Huang等人研究了利用巴斯德毕赤酵母中PLB异源通过表达并将其应用于大豆油脱胶，磷含量从125.1 mg/kg降至4.96 mg/kg。Su等人通过密码子优化来自尖镰孢菌中PLB的基因，并在巴斯德毕赤酵母KM71中表达，PLB在2 h内使试验油的磷含量从75.88 mg/kg降低至3.3 mg/kg，为PLB在油脂脱胶中的应用提供了研究基础。

为了充分地发挥各磷脂酶的特点与优势，有学者将多酶共同使用进行油脂的酶法脱胶。蒋晓菲将高含磷量的大豆毛油进行酶法联合脱胶，在先经过酸预处理的前提下，PLA_1和PLC联合脱胶2 h，可将产品磷含量降低至10 mg/kg以下。程实等人将实验室自制的PLA_1和PLC联用对大豆油进行脱胶，复合酶对大豆脱胶效果符合物理精炼的要求，大豆油中磷含量降至5 mg/kg，为用于食用油脱胶的酶制剂产品提供了研究基础。但大多对酶法脱胶的研究都首先加酸进行预处理，不但引入了酸性化学试剂，而且给后续的脱酸环节带来压力。只有 Dayton 等开发了 PLA_1 和 PLC 的混合脱胶酶制剂，在未经酸处理的情况下，将其用于去除多种毛油中的磷脂，在 pH 中性环境下，4 h 内磷含量降低至 10 mg/kg 以下。所以，目前对不添加酸试剂的酶法多效脱胶的研究尚处于起步阶段。

二、酶的固定化

酶是一种具有催化功能的生物高分子物质，因酶类物质具有反应条件温和、催化效率高和专一性强等优势而被广泛地应用。但在剧烈反应条件下，如强酸、强碱和高温等，绝大多数酶容易变性失活；且反应过程中酶通过相互作用与底物进行反应，反应完成后，酶、底物与产物混合在一起，酶不易分离回收，产物也不易于分离纯化，限制了酶在工业生产的应用。固定化酶可以在一定程度上解决这些难题。

1. 酶的固定化简述

在 1953 年，Grubhofer 和 Schleith 为合成固定化酶，在聚苯乙烯树脂上固定羧肽酶、淀粉酶、胃蛋白酶、核糖核酸酶。从此以后，后人不断地对酶固定化技术和载体材料进行研究，现在常用的固定化方法主要有包埋法、吸附法、交联法及共价偶联法，其固定化的过程如图 1–2 所示。固定化后的酶易于与产物分离，简化了产物纯化工艺，降低了生产成本，增加了酶结构稳定性，实现了连续化生产。鉴于固定化酶的这些优势，相关学者早已对脂肪酶、纤维素酶、葡萄糖氧化酶和胰蛋白酶等常见酶类的固定化进行了大量研究。

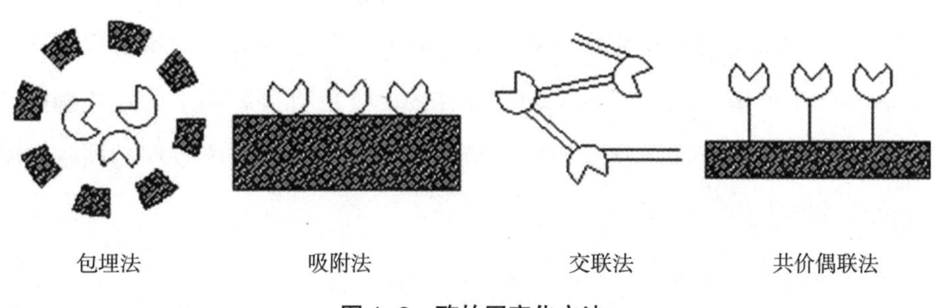

图 1–2　酶的固定化方法

近些年来，关于磷脂酶的固定化有较多报道，尤其是PLA_1，由于其游离酶开发较早，所以对其进行的固定化研究也较多。Liu 将PLA_1固定在聚苯乙烯 DA-201 树脂上，达到了很好的效果，固定化后，酶的二级构象发生变化，α- 螺旋含量下降，β- 折叠含量增加，固定化酶重复使用 6 次，相对酶活力依然高于 70%。Zhan 等利用聚乙烯—海藻酸钠复合载体对PLA_1进行固定化，得到最佳固定化率为 85.31%，将固定化酶用于油脂脱胶，使用 8 次后，依然保持 50.37% 的活性，固定化酶低温储存 6 周后，相对酶活力保持在 78.58%，储藏稳定性较好。Yu 等将磷脂酶A_1用不同载体固定化，发现经海藻酸钙—壳聚糖为载体的固定化酶的油脂脱胶效果最好，脱胶后产品的磷含量降至 9.7 mg/kg。除了在脱胶方面的应用，Li D 等人通过固定化PLA_1在无溶剂体系中，将 PC 和 DHA / EPA 的乙酯进行酯交换。

其他磷脂酶的固定化也有较多报道，Kim J 等人将PLA_2固定在藻酸盐—硅酸盐溶胶—凝胶基质中，与游离的PLA_2进行对比，结果表明，反应过程中水分和Ca^{2+}对酶的活性具有一定的影响，但固定后的PLA_2表现出更好的耐热性及催化活性，且重复使用率较高。Yu 等将多种载体用于PLA_2的固定化，经过对比，发现海藻酸钙—壳聚糖固定化PLA_2具有更宽泛的 pH 适用范围和适用温度，具有更好的耐热性，使用 4 次后，其相对酶活依然保持在 70%。Wang 等人将 PLD 固定在海藻酸钙凝胶包膜的聚乙烯亚胺—戊二醛上，固定化的 PLD 催化大豆卵磷脂合成磷脂酰甘油（PG），通过响应面试验对固定条件进行优化，优化得到固定条件，磷脂酰甘油的转化率为 87%。Li B 等人通过化学交联形成覆盖无孔二氧化硅纳米颗粒表面的“酶网”来对 PLD 进行吸附和沉淀，进而达到以简单有效的方式对磷脂酶进行固定化。固定化 PLD 的比活性达到 15872 U/g 蛋白。动力学研究表明，固定化 PLD 催化活性和酶—底物亲和力均有所增加。而 PLC 的固定化用于油脂脱胶的研究鲜有报道。

在对固定化磷脂酶的研究中，并未有学者对其与产物分离的难易程度进行研究，而在实际生产中，这一问题是切实存在的，这也直接影响了固定化酶的应用与推广。所以，在保持固定化酶原有优势的基础上，提高分离效率与回收率将是固定化酶研究的主要趋势。

2. 磁性载体固定化及其优势

传统的酶的固定化方法由于酶的回收率不尽理想，所以，利用磁场将酶高效回收的磁性固定化技术应运而生，该技术对酶进行固定化，将磁性微球作为载体，凭借其对环境无污染、酶的重复利用率高、回收率高和成本较低等优势，备受人们的青睐。

磁性载体固定化就是利用带有磁性的物质作为载体的核芯，在此基础上通过一系列的反应将酶负载在载体上的方法。磁性固定化酶具有以下优势：

（1）在外加磁场作用下，磁性固定化酶发生定向移动，以此代替机械搅拌，减少了搅拌对酶结构的破坏，实现了体系中物质的快速反应与分离，降低了生产成本，提高了催化效率，并可以实现连续化生产。

（2）通过表面改性或共聚反应，磁性微球表面可以形成许多功能性基团，如环氧基、氨基、羧基等，提高了酶分子与磁性载体结合的稳定性。

（3）磁性载体不溶于水，磁性固定化酶可以在非水相进行催化，磁性固定化酶的应用范围得到了扩大。

（4）酶与磁性载体结合，提高了酶的机械强度和稳定性，增加了酶重复使用的次数。

（5）一般微生物不能降解磁性载体，因此，磁性载体固定化酶的寿命显著提高。

3. 磁性固定化载体的制备方法

磁性固定化载体也叫作磁性微球，是将磁性无机物与高分子有机物通过特定手段达到相互嵌合的状态，这样的结构我们将其称为复合微球，这是一种具有磁性的特殊结构。其中磁性无机物一般是金属和金属氧化物，如 Fe、Co、Ni 等金属、γ-Fe_2O_3、Fe_3O_4 等金属氧化物；高分子有机物包括如壳聚糖、海藻酸钠、蛋白质等天然高分子有机物，聚苯乙烯、聚乙烯、聚丙烯等合成高分子有机物。

包埋法、原位法、单体聚合法和可控自由基聚合法等是生产磁性微球最常用的方法。通过一系列的物理手段，将磁性颗粒分散于高分子溶液中，再将溶液进一步雾化、絮凝、沉积、蒸发、交联，从而获得磁性微球的方法我们称为包埋法。包埋法制备磁性微球的工艺简易、操作简单，但磁性颗粒粒径分布宽，颗粒形状不规则，在乳化过程中乳化剂容易掺入高分子外层，限制了磁性微球的应用，在一定程度上也限制了包埋法的应用。

原位法是指带有—COOH、—NO_2、—NH_2、—SO_3H 等官能团的多孔或致密高

分子聚合微球与 Fe^{3+} 和 Fe^{2+} 等金属离子形成配位键得到磁性聚合微球的方法。此法制得的磁性微球粒径和磁性分布相对均匀，但当需要引入其他特定的功能基团时，原位法就无法满足需求，所以它有一定的局限性。

可控自由基聚合法是将磁性颗粒表面引入自由基或引发剂，然后将其加到油相单体中发生聚合反应生成磁性微球的方法。在聚合过程中，磁粒始终处于活性—失活的动态中，微球粒径大小及分子量不能进行有效地控制，需要运用特殊的手段，因此提高了固定化成本。

单体聚合法是将磁性颗粒、单体、引发剂等混合均匀，在合适的条件下聚合生成磁性微球的方法，单体聚合法是一种制备磁性微球常用的方法。

4. 磁性固定化载体官能团的修饰

在磁性固定化载体上接入官能团，对载体进行修饰，是较好的提高酶的负载量的手段。目前，在载体上接入的官能团种类很多，较为常见的为环氧基、氨基、羧基等。

（1）环氧基化修饰。环氧基的可塑性和反应活性很好，含环氧基的载体可以与酶分子中氨基、巯基、羟基等多种非活性基团形成共价键进行固定。环氧基化微球的固定酶分子具体可以将其分为两个部分：第一，酶分子通过相互作用与载体快速结合。第二，载体上的环氧基与含有氨基、巯基、羟基等多种非活性基团的蛋白质发生共价负载。载体的环氧基修饰可改变其亲和性、增加载体结合不同功能性基团的机会并提高酶的吸附量，但由于环氧基与蛋白等分子上诸多基团均能发生共价结合，所以其与蛋白上各活性基团的结合是随机的。

（2）氨基化修饰。氨基可以与载体或蛋白中的羧基连接，从而接入载体表面或将蛋白固定在载体上。氨基与重金属的络合能力较强，富含氨基的磁性微球可以通过络合作用除去水中的重金属离子，对污水净化具有重要意义。氨基化磁性载体还可用于 DNA 的分离纯化。获得的磁性载体粒径大小均匀、磁响应性强、分散性高、稳定性良好并带有大量氨基。目前生产氨基化磁性载体的方法主要包括悬浮聚合法、无皂乳液聚合法、种子聚合法、分散聚合法以及悬浮制备法等。陈永乐利用微悬浮聚合法制备出了超顺磁性、分散性好、比表面积大的氨基化磁性载体，在碱性条件下其可再生，Jiang W 等以氨基丙基三乙氧基甲硅烷（APTES）

为氨基来源制备了磁性氨基化载体，如图 1–3 所示。

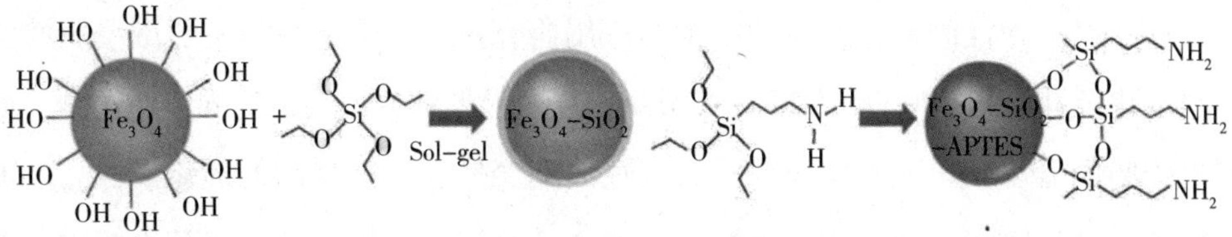

图 1–3　氨基化磁性载体的修饰

（3）羧基化修饰。羧基化磁性载体可以通过先制备出氨基化微球，再将其进行处理的方法制备羧基化微球，制得的羧基化磁性微球可固定不同的酶，如木瓜蛋白酶、谷氨酸脱羧酶、碳酸酐酶等，或者在羟基载体的基础上加入酸酐类物质，生成表面羧基化的磁性载体，也有学者将柠檬酸钠作为羧基的来源，如图 1–4 所示。羧基化磁性载体广泛应用于生物免疫、生物分离和污水处理等领域。

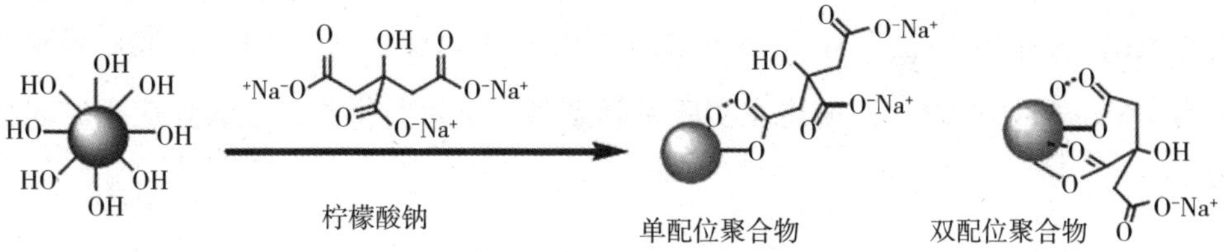

图 1–4　柠檬酸钠羧基修饰磁性载体

（4）磷酸化修饰。关于磁性载体磷酸化修饰的研究比较少，磷酸基团与磁性载体之间可以形成键能很强的力 Fe—O—P 键，因此磷酸对磁性载体就具有了极强的亲和力。Sahoo 等分别采用油酸、月桂酸、十二烷基磷酸、十六烷基磷酸和双十六烷基磷酸修饰磁性载体表面，发现烷基磷酸盐与磷酸酯修饰的磁性载体热力学性质稳定，配体与磁性载体结合牢固。由于磷酸配体与改性剂磷酸酯均具有较好的生物相容性，所以，经过磷酸化修饰的磁性载体在医学等领域也有所应用。

5. 磁性固定化酶应用的研究

磁性载体具有超顺磁性、磁响应性强、毒性低等优势，常将其与酶固定制备磁性固定化酶。酶分子由于固定在磁性载体上，其在磁场中可以定向运动，便于磁性固定化酶的分离、回收与重复利用，酶固定在磁性微球后其催化活性、热稳定性、储存稳定性与可重复使用性能均有所提高。目前，磁性固定化酶主要应用在制药、靶向试剂、食品等多个领域。

近年来，磁性固定化酶在油脂中的应用研究逐渐增多，最初主要围绕脂肪酶的固定化及其应用。Xie 等人将 HAp-γ-Fe_2O_3 纳米颗粒通过共价键固定脂肪酶。固定化脂肪酶显示出了强磁响应性并对大豆油酯交换反应有较高的催化活性。Raita 等人利用共价键将脂肪酶固定磁性载体上，其对精炼棕榈油酯交换和水解对硝基苯基棕榈酸酯具有高的催化活性，脂肪酸甲酯的产率为 97.2%。Mukherjee J 等人也在磁性固定化磷脂酶的应用方面做了大量研究工作。

然而关于磁性固定化磷脂酶的研究尚处于起步阶段，相关报道较少，Qu 等人制备了 4 种磁性固定化 PLA_2 应用于大豆油脱胶工序，可有效提高了磷脂酶的回收率。Fe_3O_4/SiO_x-*g*-P（GMA）PLA_2 酶的最高负载量和酶活分别为 122.60 mg/g 和 1289 U/g，其进行酶法脱胶，残磷量和游离脂肪酸含量分别为 9.8 mg/kg 和 0.84 g/100 g。Yu 等人将 PLA_1 固定在磁性 Fe_3O_4/SiO_x-*g*-P（GMA）纳米颗粒上，固定化酶的 pH 活性范围比游离酶宽泛，且在 45 ～ 55℃的条件下可保持活性 7 h，脱胶后残磷含量为 9.6 mg/kg。但以上磁酶均在实验室间歇条件下进行操作，连续化应用的研究相对较少。

三、酶的定向固定化技术

1. 定向固定化简述

传统的酶的固定化方式都有一定的缺陷，如在固定化过程中容易造成酶的脱落、酶的回收率低以及操作条件苛刻等。与传统方法不同，酶的定向固定化是指在酶的特定位点上使酶蛋白以有序的方向与载体结合，由于载体外侧为酶活性位点，因此保持了酶的天然构象，有助于保护酶的催化功能，还有利于底物与酶活性位点结合，可以显著提高固定化酶的活力。酶固定化过程中，其分子与载体表面接触时的取向及构象对固定化酶的催化性能具有很大影响，传统的固定化方法与酶分子空间取向并不能完全匹配，因此导致其与底物的临近定向效应大大削弱，以致此条件下的催化作用大幅度降低。除了上述情况外，固定化过程中的构象发生变化同样会使酶的催化活性降低。另外，还有一些特殊结构的酶，如脂肪酶需要形成界面活化效应才能表现出活性。综上所述，在传统固定化的基础上对酶定向固定化技术进行研究具有重要的意义。酶的定向固定化是利用一些方法将载体与酶在其特定位点上结合，让酶的活性位点呈一定的方向有序地排列在载体外侧，使底物更容易与酶的活性位点结合，可以显著提高固定化酶的活性。图 1–5 为传统的酶固定化方法和定向固定化方法的对比示意图。其中，A 为传统随机固定化方法，B 为定向固定化，可以保证连接位点远离酶的催化活性中心。

图 1–5　随机固定化与定向固定化示意图

随着定向固定化技术的发展，许多研究人员已经利用这项技术取得了一些成果。Holland 等将一段生物素标签与乙醛 / 酮还原酶 AKR_1A_1 连在一起，并在带有链霉亲和素的载体上进行定向固定，结果表明，与随机固定化相比较，固定化酶的活性提高了 60 ～ 300 倍，4 ℃储存 7 天酶活力保持不变，稳定性较好。Tominaga 等研究了谷氨酰胺转氨酶（MTG）介导的碱性磷脂酶（AP）的位点特异性共价固定化。定向固定化酶与底物具有较高的亲和力，且操作稳定性也显著提高。因此，通过定向固定化的方法可以使酶通过直接或间接的方式与载体结合，同时使酶的活性部位暴露在载体外侧，既保持了酶的天然构象，又使酶的活性部位更加有利于底物进入嵌合，进而使固定化酶的活性得到显著的提高，还可以增加酶的重复利用批次以及回收率。

2. 定向固定化的方法

定向固定化方法可分为非共价定向固定和共价定向固定。非共价定向固定，主要是抗体与抗原，亲和素 / 链霉亲和素与生物素以及组氨酸标签与 Co^{2+}/Ni^{2+} 之间的亲和作用；共价定向固定，主要是通过 Cys、Lys 等残基上的活性基团与载体直接或间接作用。现有的通过糖基链或采用分子生物学方法将酶定向固定到载体上，主要是利用天然生物亲和体系之间具有亲和性的特点。

目前，国内外定向固定化研究所采用的技术或手段主要分为：①基因工程技术或蛋白质工程。在酶蛋白 C 端或 N 端通过基因融合法结合上亲和肽段，使其与载体发生亲和作用而进行连接，达到固定化的目的。Hernandez K 等利用此方法将一段多肽融合到羧肽酶分子的 C 端或 N 端，以此为标签与抗体通过亲和作用进行定向固定。②定点突变技术。在远离酶活性中心区域引入特殊活性基团，并以其为基础实现酶的定向固定化。例如，在不含 Cys 的酶或活性位点中，通过基因突变在酶的特定位点引入 Cys，由于在 Cys 的一侧存在巯基，故酶特定位点的 Cys 可以和载体表面的上亲巯基团发生亲和作用，完成酶与载体的定向固定化。通过定点突变技术，Viswanath S 等在不靠近活性中心的位置，通过在枯草杆菌蛋白酶的氨基酸序列中引入单个 Cys 残基，并利用共价结合法将修饰酶在微滤膜上进行固定。Cys 残基—SH 既是共价结合位点，又能起到定向酶蛋白的作用，使酶活性中心不被掩盖，使固定化酶活性得到大幅提高。③利用酶反应的专一性实现酶的位点特异性固定。Tominaga J 等对谷氨酰胺转氨酶介导的碱性磷脂酶的位点特异性共价固定化进行研究，结果表明，重组的碱性磷酸酶与载体的特异性固定制备的固定化酶，比常规的化学方法制备的固定化酶具有更好的稳定性。但这 3 种定向固定化方法多以基因工程和蛋白质工程为基础，操作过程较为繁杂，重组酶的催化性能往往不可预知，其应用受到一定限制。所以，操作相对简便的共价结合法更受青睐。共价结合法在实验过程中利用界面特性定向吸附酶分子，借助载体上的活性基团与蛋白分子上的特定残基共价结合，从而实现酶的固定化。由此可知，酶的特定残基的选择就显得特别重要，应以远离酶的活性中心为宜。羧基氨基酸、氨基氨基酸、巯基氨基酸都是经常使用的定向固定化的特定氨基酸残基，以其为固定化位点与酶分子共价结合。主要方法如下：

（1）羧基氨基酸残基固定化。这一类氨基酸主要为天冬氨酸、谷氨酸和多肽链的末端羧基，氨基酸上的—COOH 为固定化结合位点。Sohn 等将蛋白抗体的—COOH 经过 EDC–NHS 活化，将其定向地固定化在波导金属片上的—NH_2 上，如图 1–6 所示，获得的固定化蛋白具有更高的灵敏性，可将其应用于早期生物分子痕量浓度的检测。

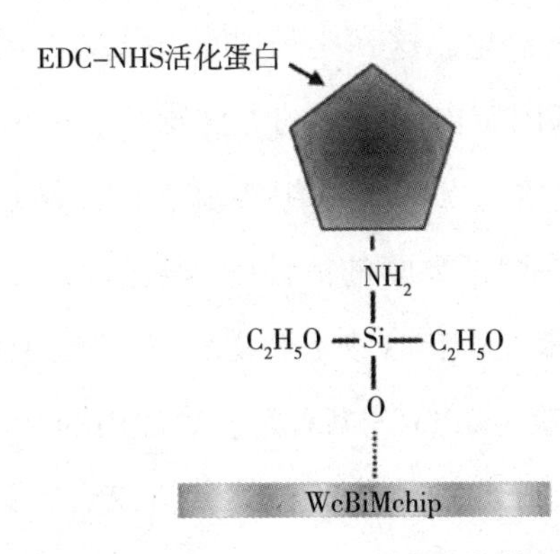

图 1-6　EDC-NHS 活化蛋白的固定化

（2）氨基氨基酸残基固定化。这一类氨基酸主要是赖氨酸和多肽链的末端氨基上的—NH_2 为固定化结合位点。Kazenwadel 等将葡萄糖氧化酶的—NH_2 定向地固定化在经过 EDC 活化的磁性载体上，制备的定向固定化酶相对酶活力比非定向固定化酶高 36%。反应过程如图 1-7 所示。此外，酶分子上的氨基基团还可以通过戊二醛与载体的氨基共价结合，达到定向固定化的目的。

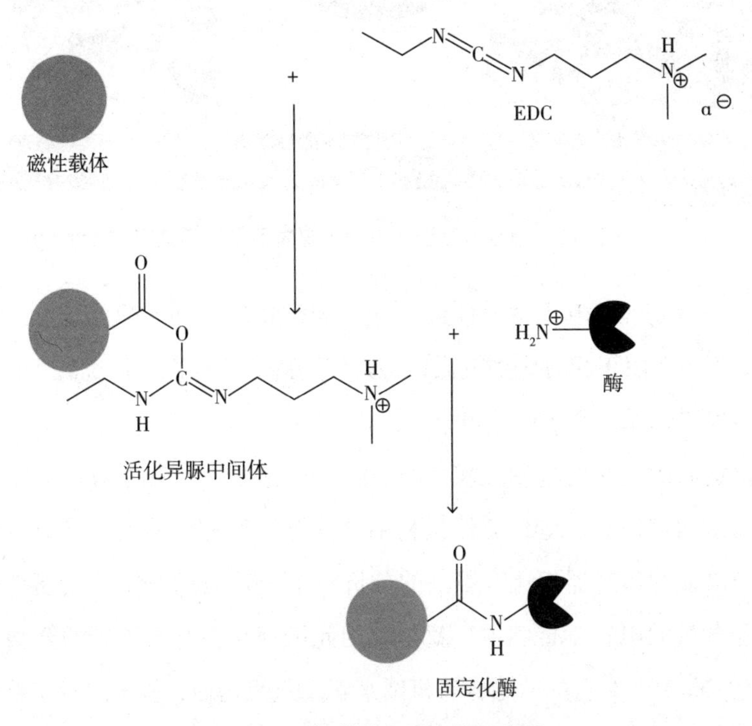

图 1-7　氨基定向固定化示意图

（3）巯基氨基酸残基固定化。这一类氨基酸主要就是半胱氨酸残基。对半胱氨酸残基上的—SH 活性基团定向固定化的方法很多，—SH 活性基团可以与金属类物质定向地进行共价连接。Li Y 将重组漆酶上的 Cys 通过 S—Au 结合位点将其固定在金电极上，以此保留了漆酶的活性中心氨基酸，如图 1–8 所示。另外，在巯基的定向固定化中，马来亚胺化合物［4–（*N*– 马来酰亚胺甲基）环己烷 –1– 羧酸磺酸基琥珀酰亚胺酯钠盐（sulfo–SMCC）］是常用的交联剂，其先与氨基载体结合，再将酶分子上的—SH 与功能化的载体共价结合，达到巯基定向固定化的目的。

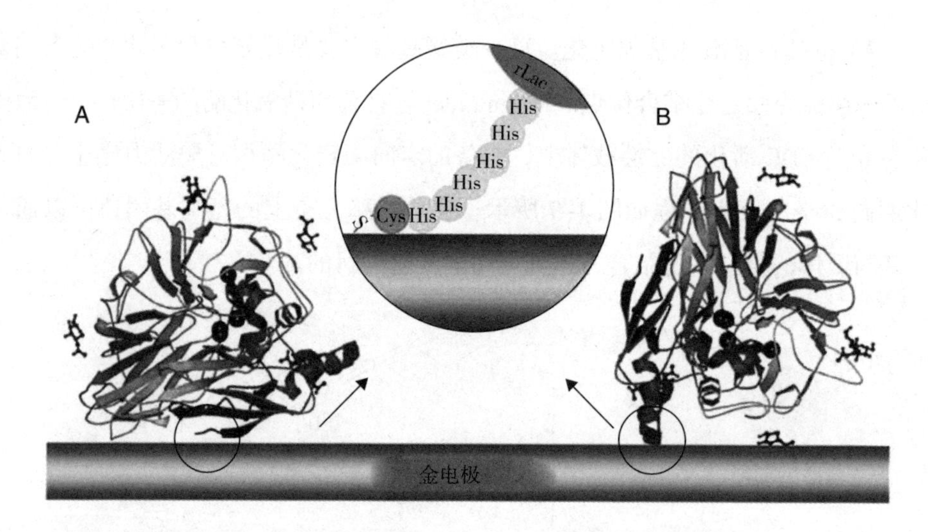

图 1–8　重组漆酶在金电极上定向固定化示意图

除这三类氨基酸残基上的基团经常作为固定化位点外，酶分子上还存在咪唑基、吲哚基等，但由于相对比例较低，将其作为固定化位点的研究较少。

3. 定向固定化在酶学中的应用

目前，定向固定化的应用比较广泛，主要应用于以下几个方面：①生物传感器。用碳同素异形体等一些传感器材料结合具有生物催化能力的酶对目标产物进行分析，与以往的传感器相比有更高的分析效率。Yang 等报道中所研究的用于快速检测农药含量的电化学传感器，就是利用此原理在涂有石墨烯的金纳米颗粒传感器材料上，固定金结合的肽融合有机磷水解酶重组蛋白，极大缩短了响应时间、降低了检测限并提高了高灵敏度。②蛋白质微阵列。Lee 等研究证明，对于少量分析物的高通量实验，可以采用在固体支持物表面固定酶所形成蛋白质微阵列的方法。③分子识别。Dizler 等报道中指出，利用 Cys 残基在金表面对 E. coil 二氢叶酸还原酶（ec DHFR）进行共价固定，可以使固定化酶与自由酶具有相同的酶活力，还发现了 ec DHFR 能利用活性位点的特异性与甲氨蝶呤相互作用，为日后把力光谱学应用在生物大分子上奠定了基础。④酶生物染料电池。Holland 等报道将葡萄糖氧化酶经过基因改造后表达，利用共价键与含有马来酰亚胺基的金纳米颗粒结合，从而实现定向固定化，这种酶与电极之间的高效接触得到了广泛应用。⑤酶的纯化。固定化金属离子亲和层析（IMAC）就是应用于酶纯化的定向固定化较好的例证。定向固定化酶提高了酶的活性，降低了生物催化剂的成本，为固定化酶的应用打开了广阔空间。⑥定向固定化酶具有更高的活性，往往也具有更好的耐热性和储藏稳定性，由于这些优势，定向固定化酶已被应用于食品等多个领域。

四、生物信息学与酶学研究

1. 生物信息学简述

生物信息学（Bioinformatics）是研究生物信息的采集、处理、存储、传播、分析和解释等各方面的学科，随着生命科学和计算机技术的快速发展，形成的一门两者结合的新学科。它通过综合利用生物学，计算机和信息技术而揭示大量而复杂的生物学数据，从而揭开了诸多以往难以解答的问题。

近 10 年来，人类通过基因组测序项目和其他相关实验的研究成果，确定了大量的生物分子的结构和功能，得到了前所未有丰富的数据。这些数据有利于我们解决当前生物技术、药理学和医学等领域难题，并在分子水平上加深对生命的理解。生物信息学就是将计算机科学的方法用于生物学的分析、解释和预测以及实验设计的一门科学，它已成为生物学和计算机科学之间的战略前沿。与曾经的统计模型拟合相似，生物信息学将一些客观存在的但难以读取和分析的大量数据通过计算机的手段展现在我们面前。而其中的重要模拟和计算方法就是分子对接技术。分子对接技术以生物信息学为依托，揭示蛋白质、酶类等大量而复杂的生物学数据，从而模拟诸多实验中难以解答的问题。正是由于其存在这一系列的优势，本书将利用生物信息学分析及分子对接技术解决磷脂酶的相关问题。

2. 分子对接技术

分子对接是从已知结构的受体（靶蛋白或活性位点）和配体出发，通过化学计量学方法模拟分子的几何结构和分子间作用力来进行分子间相互作用、识别并预测受体—配体复合物结构的一种方法，是生物信息学分析的重要手段。

分子对接方法的理论基础是 E.Fisher 提出的“锁钥学说”和 Langley 的“受体学说”，因此分子间的空间互补和电学性质互补是分子对接的主要过程。空间互补是分子间发生相互作用的基础，能量互补是分子间保持稳定结合的基础。

分子对接及其相关技术的发展越来越迅速，不但可以利用核磁共振等技术得到的三维空间结构研究一些大分子物质，而且在分子对接上起重要作用，通过虚拟筛选的配体小分子数量也显著增加。分子对接方法已经成为计算机辅助生物设计研究领域的一项重要技术。1982 年，Kunte 等发展了一种计算方法，可以对一些生物分子的三维空间结构与结合强度进行模拟，并在此基础上提出 DOCK，成为第一个分子对接软件。研究者可以通过 DOCK 进行已知晶体与配体的分子对接，并从中得到相关生物学信息。刚体对接、半柔性对接、柔性对接是分子对接的 3 种主要对接方式。随着分子对接技术的发展，其为酶与配体之间发生的一系列复杂的反应提供了很好的模拟手段，有利于我们对酶的深入研究。

3. 分子对接在酶学研究中的应用

近年来，应用分子对接模拟酶与配体相互作用，为后续试验提供理论基础和佐证的研究逐渐增多。曹一凡以分子对接的方法模拟了已上市或处在临床研究中的 11 个 JAK 激酶抑制剂分子与 4 个 JAK 激酶家族成员蛋白的结合模式和相互作用，从分子水平探讨了 JAK 激酶抑制剂分子对靶蛋白产生抑制作用的主要机制。Kumar 等对从土壤中分离得到的菌株中培养得到的纤维素酶进行了同源建模和分子对接，找到了相应的活性位点。Wang 等用胰蛋白酶水解米糠蛋白，将 ACE 酶与 Tyr–Ser–Lys 肽链进行分子对接，证明了米糠蛋白中的生物活性物质具有很好的抗氧化剂作用，其对 ACE 酶的活性也有抑制作用。此外，最近也有部分关于脂肪酶各种亚类的同源建模及分子对接的相关报道。在磷脂酶参与的分子对接研究方面，和其他酶类参与的分子对接研究一样，目前主要集中在制药和医学领域。Dileep 等人将 PLA_2 与 28 种姜黄素类似物进行对接，发现与姜黄素相比，有 4 种类似物与 PLA_2 的结合作用更强，以此解释了姜黄素类似物对 PLA_2 抑制作用的原因，这一结论对相关药物的开发具有很高的参考价值。Kumar 将儿茶素等 35 种不同植物提取物中酚类化合物与 PLA_2 进行分子对接，如图 1-9 所示，找到了 PLA_2 在反应中的活性中心，对消炎药物的研发具有参考价值。而分子对接对磷脂酶脱除磷脂的模拟，并以分子对接结果为依据，指导酶定向固定化的研究并未见到相关报道。

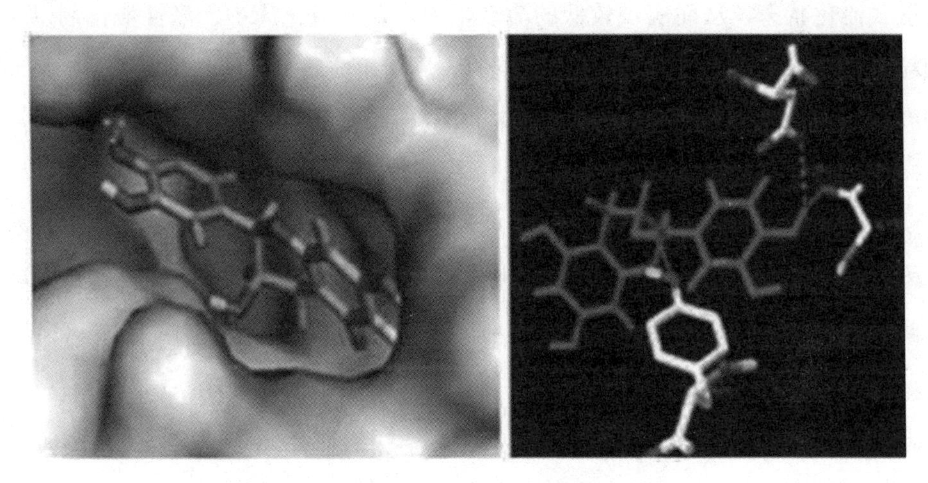

图 1-9　PLA_2 活性中心与儿茶素的分子对接

五、磁流化床及其应用

磁酶颗粒在外加磁场中可以最大限度发挥其优势，而磁流化床可以提供稳定的外加磁场，为磁酶的应用提供了良好条件。流化床技术就是处于运动状态的流体中悬浮了大量的固体颗粒，从而使这些固体颗粒有了流体的一些表观特性，这种状态即为固体流态化，就是流化床。这种流态化技术在生命科学、化学工业及医学工程等领域受到广泛推崇。为了改善常规流化床的性能，使其更符合产业化要求，因此向其中引入了各种力场，比如磁场、声场以及振动场等。磁流化床以磁性颗粒为固相，在外加磁场下使床料流态化，由于外加了磁场，操作过程是呈有序排列状态而不是无序运动。磁流化床与常规流化床相比有很多潜在优点，如消除相间混合、降低床层压降、易于固体输送、提高床内流体的传质和传热速率，甚至逆流操作等。

1. 磁流化床原理

流化床的工作原理是，当通过床层的流体速度不断增大时，固体颗粒间由于发生运动而间距变大，从而使床层体积膨胀。当流速进一步加大时，床层的稳定状态遭到破坏，进而使全部颗粒处于悬浮状态，呈现不规则的运动。而磁流化床则是一种新型反应器，在流化床基础上由于外加磁场作用，使颗粒状态由原来的不规则状态转为有序运动，使其具有更好的流动与传热传质特性，更易于达到一种散式流化状态，从而实现较低的流动阻力。在磁流化床中，磁性催化剂以纳米颗粒的形式在磁场作用下稳定排布，同时，流动相的通入又使其具有微弱的波动，所以，磁流化床兼具了流化床与固定床的优点。

2. 磁流化床的优势

相比于非磁流化床和其他形式的外加力场的流化床，磁流化床有如下优势：①磁流化床能更有效地降低磁场中纳米颗粒聚团的现象，使磁性纳米颗粒在较低的操作流速下实现稳定流态化，显著地提高纳米颗粒的流态化质量。②磁流化床的磁性可以由永久性磁体或者电磁体提供，在系统中循环操作，更节约能源，生产成本较低。③磁流化床中的磁场不产生噪声，对操作环境没有噪声污染，相比其他流化床，磁流化床更加绿色、环保。④磁流化床中固定化磁酶纳米颗粒悬浮在床层中，避免了因固定化磁酶直径较小导致的固定床中床层压力降过大，磁酶颗粒堵塞管道，放热时散热不均，产生局部热点，床层出现较为严重的沟流现象等问题。⑤磁流化床改善了非磁流化床存在的返混严重而降低反应效率的问题，并避免了磁酶颗粒之间碰撞严重而导致的粉化从而被流体带出床层的现象。⑥磁性纳米粒子在磁流化的磁场中可以有序分布，流体与纳米离子均匀接触，避免了间歇操作过程中机械搅拌对纳米颗粒造成的强烈撞击，固定化酶纳米颗粒的酶活可以被很好地保留。

3. 磁流化床在油脂行业中应用的研究

相对于常规流化床，磁流化床拥有很多优势，例如，磁流化床在外加磁场的作用下，磁性颗粒会呈现有规律的流化态，可极大地提高床内流体的传质和传热速率，磁性颗粒被锁定在磁场区域内，底物可以连续与磁性颗粒接触并快速分离。并且磁流化床还具有可以有效避免颗粒的流失、催化剂的安装和切除十分方便等优点，因此，磁流化床在油脂工业中可以发挥较为重要的作用。

Kwauk 等人发现，随着外加磁场强度的增加，三项磁流化床泡沫的大小和气泡上升的速度随之减小，这一规律的发现为此后磁流化床的相关研究提供了参考。Zhou 等人在磁流化床反应器中，使用大豆油和甲醇，在磁性壳聚糖微球（MCMs）中通过固定的米曲霉脂肪酶生产生物柴油，结果表明，在流化床反应器中施加磁场可以提高生物柴油的产率和催化剂的稳定性，并且磁流化床中磁性催化剂颗粒的稳定性和回收率远远高于无磁场的常规流化床反应器。李丽萍等在磁流化床中使用超顺磁性催化剂连续制备生物柴油，为探索运用磁流化床连续化生产生物柴油提供了参考价值。在磁流化床用于油脂脱胶的研究中，国内外鲜有相关报道，只有于殿宇将磁性固定化 PLA_1 在磁流化床中脱胶，得到的大豆油脂磷含量降至（12.62 ± 0.01）mg/kg。但该工艺只能在同一条件下进行酶解反应，无法针对有两种酶参与的多效脱胶反应进行操作。

第三节　磁性纳米载体定向固定化磷脂酶可解决关键科学问题

酶法脱胶是在油脂精炼过程中，利用磷脂酶将油脂中的磷脂脱除的方法。但目前，酶法脱胶技术困扰油脂企业的问题主要是在机械搅拌下磷脂酶容易失活，且脱胶后非水化磷脂有较多残留。因此，能够重复利用的高活性的磷脂酶将成为行业研究的热点之一。目前，较为常用的固定化载体为树脂类物质，其重复利用率尚待提高，且采用传统的固定化技术，载体与酶的结合位点是随机的，无法保留酶的活性中心，这将对酶的活性和脱胶效果产生一定影响。利用磁性载体进行定向固定化，载体定向地结合在酶的非活性位点上，保留酶的活性中心氨基酸，可以在一定程度上解决这些难题，利用载体的磁性特质，在磁流化床中反应，外加磁场代替机械搅拌，随后在磁场作用下对固定化酶进行回收，有效保留了固定化酶的活性，磁性固定化酶可以长时间连续使用。

本研究提出了一种以生物信息学为依托，制备新型磁性定向固定化磷脂酶的方法，以提高固定化磷脂酶的活性和稳定性，并创建一种在磁流化床中利用磁性固定化磷脂酶有效脱除水化磷脂与非水化磷脂的方法。将为企业的实际生产提供有力的理论参考。

第二章

磷脂酶脱胶方法的研究

磷脂酶的脱胶在国内外已经有了大量研究，在现有的方法中，PLA_1 或者 PLA_2 参与的酶法脱胶可以脱除大豆油中的水化磷脂和非水化磷脂，但反应时间较长，而 PLC 虽然反应时间较短，但其只对水化磷脂脱除效果较好。针对磷脂酶的这一特点，毛油经常要预先经过酸处理，将非水化磷脂转化为水化磷脂，再进行酶法脱胶。但是，此操作方法不仅在反应体系中引入了酸性化学试剂，还对后续脱酸环节带来一定影响。所以，本书将寻求一种不进行酸处理，直接进行酶法脱胶的方法，将着重对酶法联合脱胶（两种磷脂酶同时加入反应体系中）和酶法多效脱胶（两种磷脂酶依次加入反应体系中）进行研究，以探索其中可能存在的协同效应或抑制机制，找到一种最佳的酶解方法，为后续研究提供理论依据。

第一节　磷脂酶脱胶的方法

1. PLA_1、PLA_2 和 PLC 单一酶法脱胶

准确称取 300 g 大豆毛油，置于 500 mL 的具塞三角烧瓶中，水浴加热到指定温度，用缓冲液调整 pH，加入 3 % 的蒸馏水和一定量的单一磷脂酶（PLA_1、PLA_2 或 PLC）（PLA_2 参与的反应需要加入 0.5 mol/L 的 $CaCl_2$ 溶液）。在 300 r/min 的搅拌速度下进行酶法脱胶反应，定时取样，最后将样品放入 90 ℃热水中加热 10 min 灭酶，再进行检测。

2. PLC 和 PLA_1/PLA_2 联合脱胶

准确称取 300 g 大豆毛油，置于 500 mL 的具塞三角烧瓶中，水浴加热到 50℃，用缓冲液调整 pH，加入 3% 的蒸馏水和 150 mg/kg 的 PLA_1 或 PLA_2 与 60 mg/kg 的 PLC 混合溶液（PLA_2 参与的反应需加入 0.5 mol/L 的 $CaCl_2$ 溶液）。在 300 r/min 的搅拌速度下进行酶法脱胶反应，定时取样，最后将样品放入 90 ℃热水中加热

10 min 灭酶，再进行磷含量检测。

3. PLC 和 PLA_1 多效脱胶（先 PLC，再 PLA_1）

准确称取 300 g 大豆毛油，置于 500 mL 的具塞三角烧瓶中，水浴加热到 50 ℃，用缓冲液调整 pH 至 8.5，加入 3% 的蒸馏水和 60 mg/kg 的 PLC 溶液。在 300 r/min 的搅拌速度下进行酶法脱胶，反应 1 h，期间定时取样，随后将样品放入 90 ℃热水中加热 10 min 灭酶，离心，去除脱除的磷脂和水。水浴加热到 50 ℃，用缓冲液调整 pH 至 5.0，加入 3% 的蒸馏水和 150 mg/kg 的 PLA_1 溶液。在 300 r/min 的搅拌速度下进行酶法脱胶反应 2 h，定时取样，将样品放入 90 ℃热水中加热 10 min 灭酶，离心，检测。

4. PLC 和 PLA_1 多效脱胶（先 PLA_1，再 PLC）

准确称取 300 g 大豆毛油，置于 500 mL 的具塞三角烧瓶中，水浴加热到 50 ℃，用缓冲液调整 pH 至 5.0，加入 3 % 的蒸馏水和 150 mg/kg 的 PLA_1 溶液。在 300 r/min 的搅拌速度下进行酶法脱胶反应 2 h，期间定时取样，随后将样品放入 90 ℃热水中加热 10 min 灭酶，离心，去除脱除的磷脂和水。水浴加热到 50 ℃，用缓冲液调整 pH 至 8.5，加入 3% 的蒸馏水和 60 mg/kg 的 PLC 溶液。在 300 r/min 的搅拌速度下进行酶法脱胶反应 1 h，定时取样，将样品放入 90 ℃热水中加热 10 min 灭酶，离心，检测。

5. PLC 和 PLA_2 多效脱胶（先 PLC，再 PLA_2）

准确称取 300 g 大豆毛油，置于 500 mL 的具塞三角烧瓶中，水浴加热到 50 ℃，用缓冲液调整 pH 至 8.5，加入 3 % 的蒸馏水和 60 mg/kg 的 PLC 溶液。在 300 r/min 的搅拌速度下进行酶法脱胶反应 1 h，期间定时取样，随后将样品放入 90 ℃热水中加热 10 min 灭酶，离心，去除脱除的磷脂和水。水浴加热到 50 ℃，用缓冲液调整 pH 至 6.0，加入 3 % 的蒸馏水和 150 mg/kg 的 PLA_2 溶液，最后加入 0.5 mol/L 的 $CaCl_2$ 溶液。在 300 r/min 的搅拌速度下进行酶法脱胶反应 2 h，定时取样，将样品放入 90 ℃热水中加热 10 min 灭酶，离心，检测。

6. PLC 和 PLA_2 多效脱胶（先 PLA_2，再 PLC）

准确称取 300 g 大豆毛油，置于 500 mL 的具塞三角烧瓶中，水浴加热到 50 ℃，用缓冲液调整 pH 至 6.0，加入 3% 的蒸馏水和 150 mg/kg 的 PLA_2 溶液，加入

0.5 mol/L 的 $CaCl_2$ 溶液。在 300 r/min 的搅拌速度下进行酶法脱胶反应 2 h，期间定时取样，随后将样品放入 90 ℃热水中加热 10 min 灭酶，离心，去除脱除的磷脂和水。然后水浴加热到 50 ℃，用缓冲液调整 pH 至 8.5，加入 3% 的蒸馏水和 60 mg/kg 的 PLC 溶液。在 300 r/min 的搅拌速度下进行酶法脱胶反应 1 h，定时取样，将样品放入 90 ℃热水中加热 10 min 灭酶，离心，检测。

7. 磷含量和游离脂肪酸含量的检测方法

磷含量的检测，参照 GB/T 5537—2008 钼蓝比色法；游离脂肪酸的检测，参照 GB/T 5530—2005，乙醇测定法。

8. 磷脂组分的测定

磷脂的提取参考 Avalli A 的方法（组分测定），采用 Agilent Si25 硅胶柱（4.0 mm × 25.0 cm）。柱温：40 ℃；流动相：正己烷—异丙醇—醋酸盐缓冲液（体积比 8 ∶ 8 ∶ 1）；流速：2 mL/min；紫外检测器，波长 206 nm；进样量 10 μL。

9. PLA_1/PLA_2 活力的测定

酶活力的测定参照李脉的方法进行。一个磷脂酶活力单位（U）的定义是在适当的条件下分解 1 min 磷脂酸后产生 1 μmol 游离脂肪酸（FFA）所需要的磷脂酶用量。液体的酶活力为实验测得的每克磷脂酶溶液中的酶活力单位的量，即 U/g。固体酶制剂的磷脂酶活力为每克固定化酶所测得的磷脂酶活力单位，即 U/g。磷脂酶相对活性的测定公式为：

$$\text{相对活力} = \frac{A}{B} \times 100\%$$

式中：A——每组中所测活力值，U/g；

　　B——该组中最高活力值，U/g。

10. PLC 活力的测定

PLC 酶活定义为：在 pH 7.2、37 ℃条件下，每分钟产生 1 mmol/L 对硝基苯酚所需要的酶量定义为 1 个酶活力单位（U）。反应体系中加入 50 mmol/L、pH 7.2 的 Tris-HCl 缓冲液，0.1 mmol/L 的 $ZnCl_2$，10 mmol/L 的 p-NPPC 200 μL，37 ℃保温 5 min 后加入适当稀释的待测酶液 20 μL，准确反应 30 min，于 410 nm 波长处测定

吸光值。计算公式为：

$$\text{PLC 酶活} = \frac{(63.65A+2.33) \times V_{总}}{V_{酶} \times 30}$$

式中：A——反应后的吸光值；

$V_{总}$——反应体系总体积；

$V_{酶}$——酶液体积。

11. 统计与分析

所有试验均重复 3 次，试验结果取平均值和标准误差值，采用 Origin 8.5 统计分析软件进行基础数据整理、分析与作图。单因素的方差使用 SPSS 16.0 软件进行分析，数据的差异显著性采用 Ducan（$P < 0.05$）进行检验。

第二节 磷脂酶脱除大豆毛油中磷脂特性

脱胶常用的磷脂酶为 PLA_1、PLA_2 和 PLC，为对其脱除磷脂特性进行研究，分别利用 3 种磷脂酶进行酶法脱胶，产品中磷含量如表 2-1 所示。

表 2-1 酶法脱胶产品磷含量和 FFA 含量

脱胶时间	PLA_1		PLA_2		PLC	
	P（mg/kg）	FFA（g/100g）	P（mg/kg）	FFA（g/100g）	P（mg/kg）	FFA（g/100g）
2 h	96.44 ± 3.12	1.32	93.28 ± 2.67	1.10	81.16 ± 2.02	0.98
4 h	18.17 ± 1.14	1.51	16.00 ± 0.95	1.23	75.25 ± 1.90	0.99

由表 2-1 可以看出，3 种磷脂酶脱胶过程中 FFA 的含量变化情况并不相同，利用 PLC 脱胶，产品的 FFA 含量基本没有发生变化。但利用 PLA_1 和 PLA_2 脱胶，FFA 含量均发生了不同程度的升高。这主要是由于 PLC 特异性水解磷脂 Sn-3 位上甘油磷酸酯键，水解生成 1,2- 甘油二酯、磷酸胆碱，不产生 FFA，所以不会导致 FFA 含量有明显变化。

PLA_1 对磷脂中 Sn-1 位上的酰基具有专一性，可将其水解为溶血磷脂酸和

FFA；PLA_2 对磷脂中 Sn-2 位上酰基具有专一性，可将其水解为 Sn-2- 溶血磷脂酸和 FFA。所以，这两种磷脂酶参与的脱胶反应，产物的 FFA 含量均有所升高。但是，PLA_1 参与的脱胶反应，产物的 FFA 升高尤为显著，这是由于 PLA_1 对磷脂进行一次酶解后，Sn-2- 溶血磷脂酸发生了酰基转移，生成了 Sn-1- 溶血磷脂酸，被 PLA_1 进行了二次酶解，产生了更多的 FFA，这一结论与 Poisson L 的研究结果相一致。油脂中 FFA 含量的显著升高将影响磷脂酶的脱胶效率，也为脱酸工序带来一定影响。

分别利用 3 种磷脂酶进行脱胶，产品中磷含量均有不同程度的下降。在不加酸进行预处理的前提下，脱胶 2 h 后，PLA_1 和 PLA_2 参与的反应，产品磷含量均高于 90 mg/kg，PLC 参与的反应，产品磷含量已经降到了 81 mg/kg；但脱胶 4 h 后，PLA_1 和 PLA_2 参与的反应，产品磷含量分别降低至 18.17 mg/kg 和 16.00 mg/kg，PLC 参与的反应，产品磷含量为 75.25 mg/kg，下降幅度缓慢。这说明，PLC 具有对磷脂的快速水解能力，但达到一定限度后，很难继续水解磷脂，而 PLA_1 和 PLA_2 虽然无法在较短时间内快速水解磷脂，但其经过长时间的反应，可以将产品中的磷含量降低到较低水平。这与 3 种磷脂酶对磷脂的不同水解特性有关，PLA_1 和 PLA_2 既可以水解水化磷脂，又可以水解非水化磷脂，而 PLC 主要水解水化磷脂，对非水化磷脂的水解效果很差，但利用 PLC 水解，短时间降低磷含量的效果较好。为了进一步证实 PLC 水解磷脂的特点，将经过 PLC 水解 4 h 后的大豆毛油中的磷脂组分进行分析，其结果如表 2-2 所示。

表 2-2 PLC 水解后大豆毛油中磷脂组分（%）

组分	PA	PE	PC	PI
占比	48.21 ± 1.24	43.03 ± 1.65	4.95 ± 0.86	3.81 ± 0.52

由表 2-2 可知，PLC 水解大豆毛油产品中剩余的磷脂主要为 PA 和 PE，这两种磷脂均为非水化磷脂，PLC 可以快速地水解水化磷脂，但对非水化磷脂的水解能力很差，这与蒋晓菲的结论相一致。

综上，通过对 3 种磷脂酶水解磷脂特性的分析，发现 PLA_1 和 PLA_2 可以水解水化磷脂和非水化磷脂，但水解的速度较慢；而 PLC 水解磷脂的速度较快，但主要水解水化磷脂。为了最大限度地发挥各磷脂酶的特点，达到最佳脱胶效果，下面将对 3 种磷脂酶的联合脱胶和多效脱胶进行研究。

第三节 磷脂酶联合脱胶

一、PLC 与 PLA_1 联合脱胶的研究

1. PLC 与 PLA_1 的 pH 适用范围研究

以相对酶活力为指标，对 PLA_1 与 PLC 两种磷脂酶的 pH 适用范围进行研究，结果如图 2-1 所示。

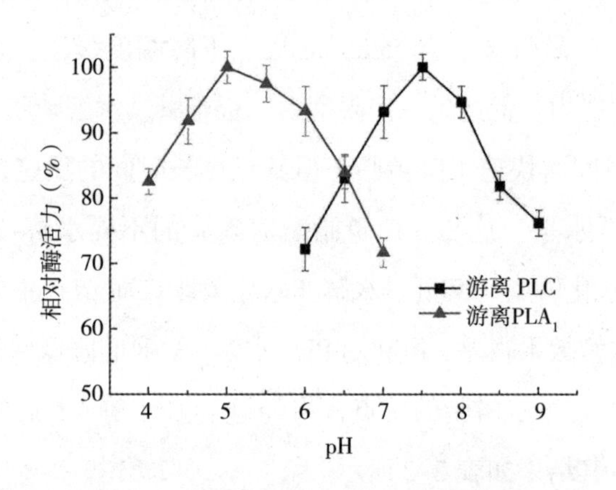

图 2-1 PLA_1 与 PLC 的 pH 适用范围

由图 2-1 可以看出，两种磷脂酶的相对酶活随着 pH 的增大都呈现先增大后减小的趋势，但 pH 最适范围有所不同。PLA_1 在 pH 为 5.0 时相对酶活达到最大值。PLC 在 pH 为 7.5 时相对酶活达到最大值。两种磷脂酶的 pH 最适范围差别较大。所以，在利用两种磷脂联合脱胶时，pH 难以调节，两种酶较难同时达到最大活性。

2. PLC 与 PLA_1 联合脱胶效果的研究

分别以磷含量和 FFA 含量为指标，同时加入 PLA_1 与 PLC 两种磷脂酶，pH 为 6.5，反应温度 50℃，对两种磷脂酶联合脱胶进行研究，结果如图 2-2 所示。

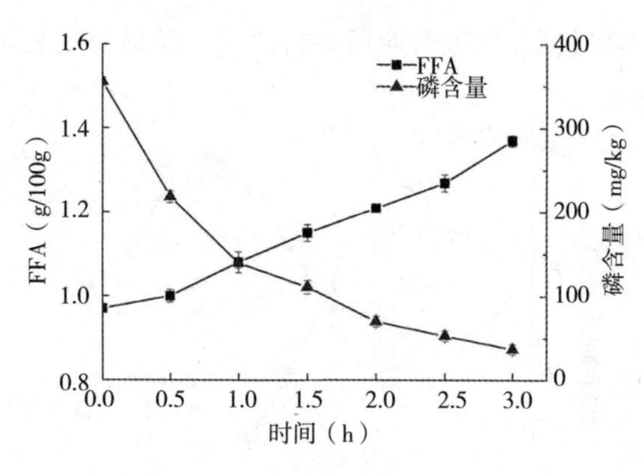

图 2–2　PLC 与 PLA_1 联合脱胶对磷含量和 FFA 含量的影响

由图 2–2 可以看出，随着脱胶时间的延长，产品中磷含量在逐渐下降，但在 2 h 时，磷含量依然高于 60 mg/kg；反应 3 h 后，磷含量下降到 37.01 mg/kg，磷含量依然较高。这是由于 PLC 与 PLA_1 两种磷脂酶的酶学性质有一定的差异，特别是最适 pH 差别较大，在同一体系中将两种酶同时加入时，很难最大限度地发挥各自的活性，所以脱胶效果较差，产品中磷含量较高。此外，FFA 的含量随着时间的延长逐渐增高，且增高幅度有逐步扩大的趋势，这是由于 FFA 是 PLA_1 水解的主要产物之一，并且在体系中存在酰基转移机制，导致 FFA 含量的明显升高。

二、PLC 与 PLA_2 联合脱胶的研究

1. PLC 与 PLA_2 的 pH 适用范围研究

以相对酶活力为指标，对 PLA_2 与 PLC 两种磷脂酶的 pH 适用范围进行研究，结果如图 2–3 所示。

由图 2–3 可以看出，两种磷脂酶的相对酶活随着 pH 的增大都呈现先增大后减小的趋势，但却有着不同的 pH 适用范围。PLA_2 在酸性条件下活性较高，在 pH 为 5.5 时，相对酶活达到最大值。PLC 在碱性条件下活力较高，在 pH 为 7.5 时相对酶活达到最大值。两种磷脂酶的 pH 最适范围差别较大。所以，在两种磷脂酶联合脱胶时，调节 pH 难以使两种酶同时达到最大活性，无法得到充分利用。

2. PLC 与 PLA_2 联合脱胶效果的研究

分别以磷含量和 FFA 含量为指标，同时加入 PLA_2 与 PLC 两种磷脂酶，pH 为 6.0，

反应温度 50 ℃，对两种磷脂酶联合脱胶进行研究，结果如图 2-4 所示。

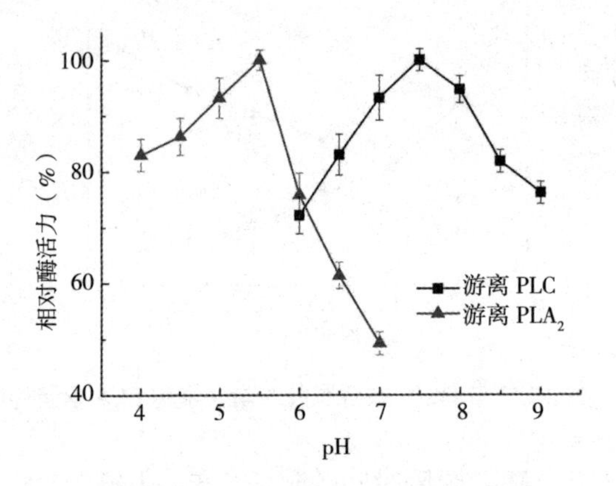

图 2-3　PLA_2 与 PLC 的 pH 适用范围

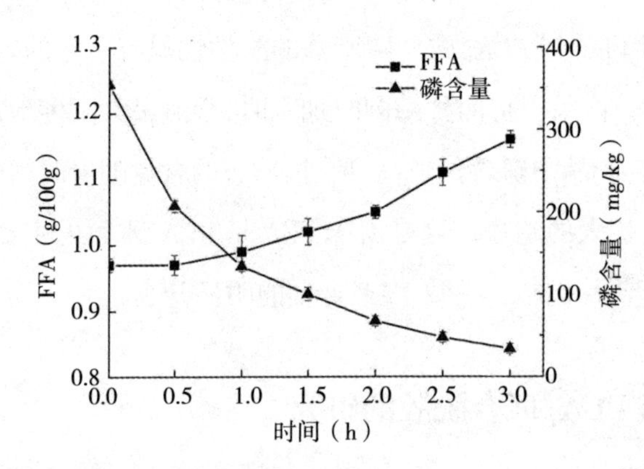

图 2-4　PLC 与 PLA_2 联合脱胶对磷含量和 FFA 含量的影响

由图 2-4 可知，产品中磷含量随着反应时间的延长而逐渐降低，1 h 前，磷含量下降较快，1 h 后，随着时间的延长，磷含量降低的速度减慢。当反应达到 3 h，磷含量为 34.23 mg/kg。PLA_2 与 PLC 两种酶同时加入同一体系，由于温度和 pH 等因素难以同时达到两种酶所需的最佳条件，导致酶的活性没有得到充分发挥，所以产品中磷含量依然较高。同时，随着时间的延长，产品中的 FFA 含量也逐渐升高，这主要是由于 PLA_2 水解磷脂产生了较多 FFA，其对脱胶效果产生了负面影响。

3. Ca^{2+} 浓度对 PLC 活性及产物磷含量的影响

由于 PLA_2 在反应过程中，需要加入 Ca^{2+}，才能充分发挥其活性，在联合脱

胶过程中除加入 PLA_2 和 PLC 以外，还要加入 Ca^{2+}。Ca^{2+} 的加入对产物磷含量是否有影响、对 PLC 的活性是否有影响都是需要解决的问题。所以，本研究同时加入 PLA_2 和 PLC，pH 调节至 6.0，反应温度 50 ℃，加入不同浓度的 $CaCl_2$ 溶液，以 PLC 的相对酶活力和产物的磷含量为指标，研究联合脱胶反应体系中 Ca^{2+} 浓度对脱胶效果的影响，结果如图 2–5 所示。

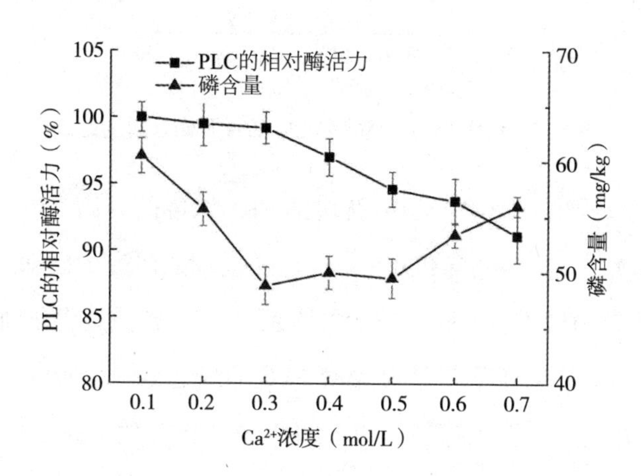

图 2–5　Ca^{2+} 浓度对 PLC 活性及磷含量的影响

由图 2–5 可以看出，随着 Ca^{2+} 浓度的增加，磷脂酶的相对酶活力逐渐下降，且下降趋势逐渐增大。同时，产品中的磷含量，呈现先下降后增加的趋势。这是由于金属离子对 PLC 的活性有一定的抑制作用，Ca^{2+} 的引入，影响了氨基酸活性中心的活性，所以，PLC 的相对酶活明显下降，这与杨娇的研究结果相一致。此外，Ca^{2+} 的引入有利于 PLA_2 活性的发挥，所以，在一定程度上提高了 PLA_2 的酶活力。在一定范围内磷含量有所下降，但当 Ca^{2+} 浓度大于 0.5 mol/L 时，产品中的磷含量反而上升，这是由此时 PLC 相对酶活明显下降导致的。所以，Ca^{2+} 的添加，降低了 PLC 的相对活力，浓度过高时，对磷含量的降低起到了较大的抑制作用。

4. FFA 浓度对 PLC 活性及产物磷含量的影响

同时加入 PLA_2 和 PLC，0.5 mol/L $CaCl_2$ 溶液，pH 为 6.0，反应温度 50 ℃。研究联合脱胶过程中，PLA_2 水解磷脂产生的 FFA 对 PLC 活性及磷含量的影响，如图 2–6 所示。

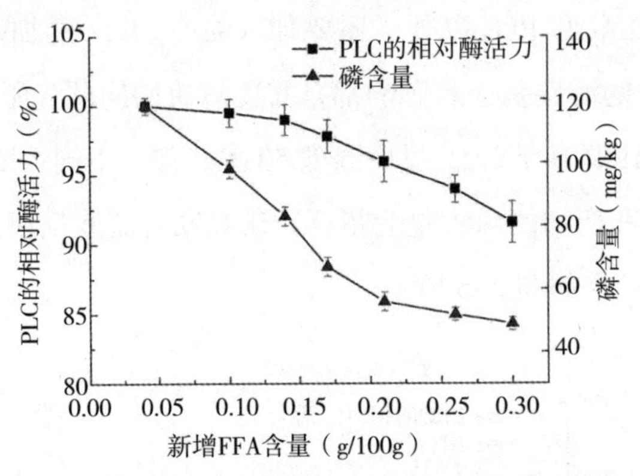

图 2–6 新增 FFA 含量对 PLC 活性及磷含量的影响

由图 2–6 可以看出，随着产物中新增的 FFA 浓度的升高，PLC 的相对酶活力呈逐渐下降的趋势。在 PLA_2 与 PLC 的 pH 适用范围的研究中已知，在酸性环境下 PLC 相对酶活随着 pH 的降低而下降，当体系中 FFA 含量逐渐增加时，一定程度上增加了酸的浓度，环境的酸度逐渐偏离 PLC 的最适范围，所以，PLA_2 水解产生的产物——FFA 在一定程度上抑制了 PLC 的活性。同时，随着新增 FFA 含量的升高，产物的磷含量虽然随之下降，但下降趋势逐渐放缓，这既与油脂中剩余磷脂含量逐渐减少有关，又与 PLC 的活性下降，降低了其脱除水化磷脂的能力有关。

第四节 磷脂酶多效脱胶的研究

1. PLC 与 PLA_1 多效脱胶的研究

为最大限度地发挥 PLC 与 PLA_1 两种磷脂酶的活性，将两种酶逐次地加入反应体系中，进行酶法多效脱胶。对经如下脱胶方法所制得的产品的磷含量进行检测，产品磷含量见图 2–7。

由图 2–7 可以看出，PLC 与 PLA_1 脱胶效果有着相似的变化趋势，随反应时间的延长，磷含量均逐渐降低。先利用 PLA_1 脱胶 2 h，再利用 PLC 脱胶 1 h，磷含量降至 31.02 mg/kg；先用 PLC 脱胶 1 h，再用 PLA_1 脱胶 2 h，产品磷含量降至 21.10 mg/kg，得到了更好的脱胶效果，产品的磷含量更低。

2. PLC 与 PLA_2 多效脱胶的研究

为最大限度地发挥两种磷脂酶的活性，进行 PLC 与 PLA_2 酶法多效脱胶。将

PLC 与 PLA_2 依次加入反应体系中，对经如下脱胶方法所制得的产品的磷含量进行检测，产品磷含量见图 2-8。

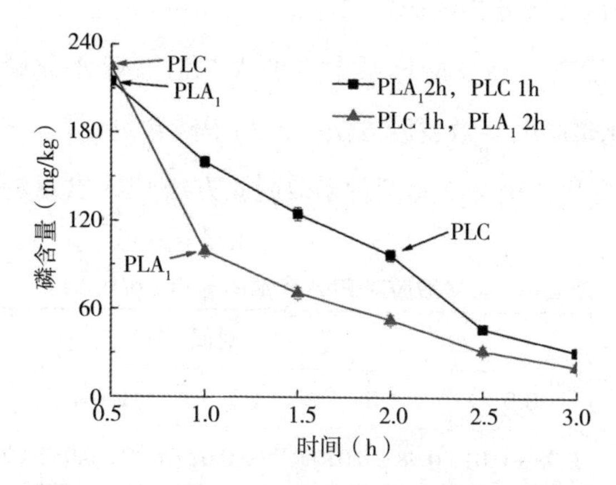

图 2-7　PLC 与 PLA_1 多效脱胶对脱胶效果的影响

（注：酶法脱胶前均未经磷酸处理）

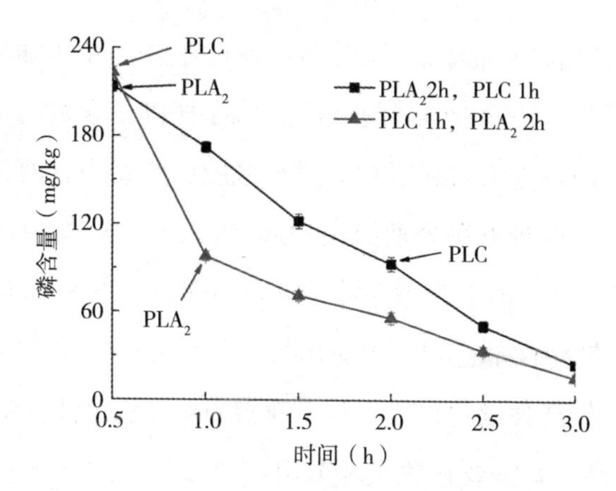

图 2-8　PLC 与 PLA_2 多效脱胶对脱胶效果的影响

（注：酶法脱胶前均未经酸处理）

由图 2-8 可以看出，两种利用 PLC 与 PLA_2 多效脱胶的方法均降低了产品的磷含量，但由于未经酸处理，并且脱胶参数未经优化，所以，产物中磷含量并未降到理想水平。其中，先由 PLC 脱胶 1 h，再由 PLA_2 脱胶 2 h 产品中磷含量最低，为 16.25 mg/kg。这是由于将大豆油先经过 PLC 脱胶，可以快速去除大量水化磷脂，随后再经过 PLA_2 脱胶，由于大豆油中大部分水化磷脂已经被去除，所以，PLA_2 中的活性基团与非水化磷脂接触的概率增加，酶与磷脂可以更好地结合，更有利于酶活性的发挥，将大量的非水化磷脂脱除。因此，先由 PLC 脱胶，再由 PLA_2 脱胶的多效脱胶方法，更有利于总的磷含量的降低，但工艺参数需要进一步优化。

3. 多效脱胶对 FFA 含量影响的研究

前文研究中已发现，在反应体系中先加入 PLC 脱除水化磷脂，再加入 PLA_1 或 PLA_2 脱除非水化磷脂的多效脱胶方法，产品中磷含量更低。但在试验中发现，FFA 含量也发生了变化，表 2–3 是两种多效脱胶方法 FFA 含量的变化情况。

表 2–3　多效脱胶对 FFA 含量的影响（g/100g）

多效脱胶方法	时间（h）					
	0.5	1.0	1.5	2.0	2.5	3.0
PLC 1 h，PLA_1 2 h	0.98 ± 0.01	0.98 ± 0.01	0.99 ± 0.02	1.15 ± 0.03	1.21 ± 0.02	1.30 ± 0.01
PLC 1 h，PLA_2 2 h	0.98 ± 0.01	0.98 ± 0.02	0.99 ± 0.01	1.03 ± 0.02	1.05 ± 0.03	1.07 ± 0.03

由表 2–3 可以看出，在前 1 h，两种多效脱胶方法产品中 FFA 含量基本不变，1 h 后，两种多效脱胶方法随着时间的延长，产品中 FFA 含量均呈上升趋势。这是由于反应的前 1 h，两种方法均利用 PLC 进行脱胶，产物为甘油二酯和磷酸胆碱，不产生 FFA。1 h 后，两种方法分别加入 PLA_1 和 PLA_2，产物中均有 FFA，所以导致产品中 FFA 含量升高。但由于酰基转移机制的存在，PLA_1 参与的多效脱胶产品中 FFA 含量更高，最终含量达到 1.30 g/100g。由此可见，酰基转移对于油脂产品的品质有一定影响，较高含量的 FFA 不利于油脂的贮藏稳定性，降低了产品的品质；另外，FFA 含量过高，就需要在脱酸环节引入更多的碱进行中和，这就给后续脱酸工序带来更大的压力。

综上，为了避免酰基转移对产品品质的影响，考虑到 PLA_2 参与的反应不发生酰基转移，后续试验中，将 PLC 与 PLA_2 多效脱胶作为主要脱胶方法。所以，将围绕 PLC 与 PLA_2 两种酶的特性分别进行研究。

第五节　磷脂酶脱胶方法的讨论

油脂脱胶的目的就是脱除油脂中不受欢迎的胶质类成分，其中最主要的物质就是其中所含有的磷脂。油脂脱胶常见的方法主要有水化脱胶、磷酸脱胶和碱炼脱胶等，酶法脱胶是最近十年逐渐被广泛接受的一种较为温和且高效的脱胶方法。国内外学者对于酶法脱胶的研究很多，采用的酶的种类也较多，如前文中述及的 PLA_1、PLA_2 和 PLC 等均有相关报道，但使用单一的磷脂酶也有一定的弊端，如 PLA_1 或者 PLA_2 单独脱胶，虽然其可以同时脱除油脂中多数的水化磷脂与非水化磷脂，但其脱胶时间较长，一般超过 4 h，并且，在反应过程中产生 FFA，影响脱胶效率，不利于产业化生产。此外，单独将 PLC 应用于脱胶中，虽然反应时间较短，但其只能脱除水化磷脂，对非水化磷脂脱除效果差。目前，解决这些问题的办法多数是先对大豆油脂预先进行酸处理，将部分非水化磷脂转化为水化磷脂，这种做法的弊端不仅在反应体系中引入了化学试剂，还提高了油脂中 FFA 的含量，为后续脱酸环节带来一定影响。所以，为了寻求一种既能高效操作，又可以避免酸等化学试剂引入的脱胶方法，本书对酶法联合脱胶（两种磷脂酶同时加入反应体系中）和酶法多效脱胶（两种磷脂酶依次加入反应体系中）进行研究。

如前文所述，目前，酶法联合脱胶和酶法多效脱胶的研究较少，并且对于这两种方法的探讨也鲜有报道。所以，很有必要对其进行深入研究，以期最大限度地发挥各种磷脂酶的活性，降低产品磷含量。通过对酶法联合脱胶的研究发现，试验中采用的 PLA_1 和 PLA_2 均与 PLC 的 pH 适用范围相差较大，PLA_1 和 PLA_2 两种酶都是在酸性条件下具有较高的活力，而 PLC 在偏碱性条件下活力较高。这就为酶法联合脱胶带来了较大的困难，pH 难以兼顾。此外，在 PLA_2 和 PLC 的联合脱胶中，为了发挥 PLA_2 的活性，有必要加入 $CaCl_2$，但是，经研究发现，随着 Ca^{2+} 加入量的增加，PLC 的活性逐渐下降，Ca^{2+} 的加入影响了 PLC 的活性，最终导致产品的磷含量升高；同时，PLA_2 催化磷脂水解过程中产生的 FFA，在一定程度上影响了体系的酸碱平衡，同样使 PLC 的活性略有下降。由此可见，酶法联合脱胶过程中，PLA_2 在反应过程中对 PLC 的活性具有抑制作用，脱胶效果将受到较大影响。鉴于此，我们需要转换角度，对酶法多效脱胶进行研究。

对于 PLC 和 PLA_1 的酶法多效脱胶，虽然降低了产品的磷含量，但由于酰基转移机制的发生，提高了产品中 FFA 的含量。酰基转移是由于 PLA_1 水解产物 Sn–2 溶血磷脂酸不稳定，会转移生成 Sn–1 溶血磷脂酸，再被 PLA_1 水解导致的，详细机理已有相关报道。对于PLC和PLA_2的酶法多效脱胶，由于PLA_2催化的反应不会发生酰基转移，所以该方法的脱胶产品中FFA含量保持在较低水平。由此可见，PLA_2和PLC的多效脱胶是最理想的选择。研究发现，先加入PLC除去水化磷脂，灭酶后，再加入PLA_2除去非水化磷脂和少部分水化磷脂，这一多效脱胶的方法极大地降低了产品的磷含量。所以，确定了该方法为最佳的多效脱胶方法，PLC和PLA_2也将作为后续试验的主要研究对象。

通过对磷脂酶脱胶效果研究发现，PLA_1与PLA_2可以酶解所有磷脂，PLA_1酶解过程中溶血磷脂容易发生酰基转移，使其利用效率降低，产品中FFA含量升高；PLC无法有效脱除PE和PA。分别将PLC与PLA_1、PLC与PLA_2进行联合脱胶，产品中磷含量较高，PLC和PLA_2的联合脱胶效果受到Ca^{2+}浓度和产物中FFA含量等因素影响。通过对酶法多效脱胶的研究，发现PLC与PLA_1的多效脱胶产品中FFA含量较高，PLC与PLA_2进行多效脱胶效果最佳。

第三章

PLA_2 的活性中心特性及固定化

通过上文的研究，我们已经确定了 PLC 与 PLA_2 两种磷脂酶为研究对象。那么，磷脂酶在脱胶过程中是如何与磷脂反应的，哪些氨基酸在其中起到了关键作用，有着怎样的反应机理，长久以来都是人们讨论的焦点之一。为了解决上述问题，我们将利用生物信息学技术，将分子对接与 PLA_2 的氨基酸序列信息相结合，并通过对非活性中心氨基酸残基分布的分析，探寻 PLA_2 固定化的最佳结合位点，在固定化过程中将活性中心暴露出来，最大限度地发挥固定化酶的活性。还将通过固定化策略分析，选取功能化磁性载体对 PLA_2 分子上的非活性中心氨基酸进行固定化，并对制备的固定化酶相关性质进行对比研究，以期获得高活性可重复利用的磁性固定化 PLA_2，为酶法连续多效脱胶的应用提供有力支撑。

第一节　PLA_2 的活性中心特性及固定化的方法

1. 配体处理方法

利用 Chenmidraw 3D 处理小分子配体的结构，利用 MM94 将能量最小化，然后保存成 mo12 格式，使用 Autodock 4.0 对小分子进行处理，对电荷、非极性的氢进行计算后，保存为 pdb 格式，形成 pdbqt 形式。

2. 受体处理方法

将蛋白的 pdb 的结构从数据库中进行下载，使用 Autodock 4.0 对小分子进行处理，对电荷、非极性的氢进行计算后，保存为 pdb 格式，形成 pdbqt 形式。

3. Autogrid 处理与 Autodock 运算

打开分子的 pdbqt 文件，以蛋白的活性位点为中心，构建一个 40 × 40 × 40 的盒子，保存成 gpf 文件，通过 Autogrid 运算生成 glg 文件。打开分子的 pdbqt 文件，小分子结构采取柔性方式，运算 60 次，保存成 dpf 文件，通过 Autodock 运算生成运算结果。

4. PLA_2 氨基酸残基分布分析

利用 Rasmol（Raswin Molecular Graphics，Windows Version 2.7.5）对 PLA_2 非活性中心氨基酸残基的分布分别进行分析，生成可视化三维图。

5. Fe_3O_4/SiO_2 载体的制备与活化

取 1.0 g 的 Fe_3O_4 纳米粒子，加入 10 mL TEOS 和 4 mL Tween20，超声分散 10 min 后，加入 50 mL 的去离子水，继续超声 10 min。将 20 mL 的浓氨水和 60 mL 乙醇在 500 mL 的烧瓶中与上述溶液混合，混合后放入 35℃水浴中，在搅拌速度 500 r/min 的条件下充分搅拌，反应 120 min。使用磁力分离器收集产物。经过分离后的产物置于 40℃真空烘箱中干燥。24 h 后，取 1 g Fe_3O_4/SiO_2 载体加入回流冷凝装置中，加入 70 mL 乙醇与水的混合液（比例为 6 ∶ 1），在 80 ℃条件下回流 1 h，冷却，磁分离，经过分离后的产物置于 40 ℃真空烘箱中干燥 24 h，备用。

6. 氨基磁性载体的修饰

取 2.0 g 制备好的干燥的 Fe_3O_4/SiO_2 粒子置于含有 100 mL 乙醇溶液的圆底烧瓶中，再加入 5 mL 水，超声 10 min，逐滴加入一定量的 APTES/APS，在设定温度下冷凝回流，一定时间后，用蒸馏水在磁场作用下进行分离、洗涤，反复 5 次，去除未反应的氨基化试剂。最后经过 40 ℃真空干燥 24 h，得到氨基修饰的磁性载体，备用并进行氨基含量的检测。

（1）反应时间对氨基修饰效果的影响。

加入 APTES/APS 试剂 10 mL，反应温度设为 70 ℃，反应时间分别为 2 h、4 h、6 h、8 h、10 h 和 12 h。分离、干燥后进行氨基含量的检测。

（2）反应温度对氨基修饰效果的影响。

加入 APTES/APS 试剂 10 mL，反应时间 6 h，反应温度分别为 60 ℃、70 ℃、80 ℃、90 ℃、100 ℃和 110 ℃。分离、干燥后进行氨基含量的检测。

（3）APTES/APS 添加量对氨基修饰效果的影响。

反应温度设为 70 ℃，反应时间 6 h，APTES/APS 添加量分别为 6 mL、8 mL、10 mL、12 mL 和 14 mL。分离、干燥后进行氨基含量的检测。

7. 磁性载体氨基含量的检测

准确称取 0.250 g 氨基载体，超声分散于 5 mL，0.01 mol/L 的 HCl 溶液中，搅拌反应 4 h 后，磁性分离，回收上清液。用去离子水清洗磁性载体，并回收清洗液。将上清液与洗液混合，滴入 2 滴酚酞指示剂，用 0.01 mol/L NaOH 溶液滴定，平均 NaOH 用量为 V。用如下公式计算载体的氨基含量：

$$\text{氨基含量（mmol/g）}=\frac{5-V}{0.25\times 0.11}$$

8. Fe_3O_4/SiO_2-NH_2-sulfo-SMCC 载体的制备

100 mg Fe_3O_4/SiO_2-NH_2 纳米粒子溶解在 pH 7.0 的 15 mL 磷酸盐缓冲液与氯化钠的混合液体中。漩涡振荡 30 s 后，在超声中振荡 30 min，以达到均匀分散的目的。磁分离后，将纳米粒子加入 10 mL pH 7.0 的磷酸盐缓冲液和氯化钠混合液中，再加入 0.1% 的 Tween 20 液中，再加入 0.4 mL、50 mmol/L 的 sulfo-SMCC 二甲基亚砜溶液。室温下用摇床振荡，反应 1 h，最后用磷酸缓冲液水洗 3 次，磁分离。备用。

9. 扫描电镜（SEM）分析

通过扫描电镜观察样品的外观形态。称取一定的样品，经过冻干后分散在导电胶上，经过真空条件对样品进行镀金处理，然后在扫描电镜下进行观察，镀金的厚度大约 12 nm，选择合适的倍数进行观察，拍摄样品的照片。

10. 粒径分析

待测样品放在容器中，使用乙醇作为分散剂，超声 10 min 进行分散，样品分散均匀，将分散均匀的样品放入激光衍射仪中进行检测。

11. 磁性能分析

试验得到的磁性载体和磁酶颗粒以比饱和磁化强度作为磁强度检测的指标，分析样品的磁性能。热封在一段 7 mm 带棉签的塑料管的一端，将样品压实在其中，用棉花将另一端塞住。通过振荡样品磁强计进行测定。

12. X 射线衍射分析

预先将样品进行真空烘干，研磨 100 mg 样品制成粉末后压成平面，X 射线衍射仪在 Cu 靶，Ni 滤波，Si-Li 探测器，40 kV，40 mA，扫描范围：15°～80°，扫描速度：2° /min，测试制得的磁性载体和磁酶颗粒内分子排列结构。

13. 傅里叶红外光谱分析

使用蒸馏水洗涤样品，放在真空干燥箱中进行干燥，使用研钵将干燥后的 200 mg KBr粉末和2 mg的磁性载体进行研磨，在10 kPa的压力下将其制成透明薄片，采用 FT-IR，在 4000 ～ 400 cm^{-1} 波长范围内进行分析。

14. Fe_3O_4/SiO_2–NH_2–sulfo–SMCC–PLA_2 定向固定化酶的制备

取 1.0 g Fe_3O_4/SiO_2–NH_2–sulfo–SMCC 纳米粒子溶解在一定 pH 的 15 mL 磷酸盐缓冲液中。旋涡振荡 30 s 后，在超声中振荡 30 min，以达到均匀分散的目的。磁分离后，将纳米粒子加入 10 mL 一定 pH 的磷酸盐缓冲液中，再加入一定量的 PLA_2，在室温下旋转振荡培养一段时间。最后用磷酸缓冲液水洗3次，磁分离。备用。

（1）PLA_2 添加量对固定化效果的影响。

固定化 pH 为 6.8，固定化反应时间为 4 h，PLA_2 添加量分别为 200 U/mL、300 U/mL、400 U/mL、500 U/mL、600 U/mL 和 700 U/mL，随后测定固定化 PLA_2 的活力和载酶量。

（2）pH 对 PLA_2 固定化效果的影响。

PLA_2 的添加量为 400 U/mL，固定化反应时间为 4 h，固定化 pH 分别为 6.3、6.6、6.9、7.2、7.5、7.8 和 8.1，随后测定固定化 PLA_2 的活力和载酶量。

（3）固定化时间对 PLA_2 固定化效果的影响。

PLA_2 的添加量为 400 U/mL，固定化 pH 为 6.8，固定化反应时间分别为 1 h、2 h、3 h、4 h、5 h 和 6 h，随后测定固定化 PLA_2 的活力和载酶量。

15. 磁性载体载酶量的测定

采用考马斯亮蓝法测定蛋白质浓度。将 100 mg 考马斯亮蓝 G–250 加入 50 mL 95% 的乙醇溶液中，再向混合溶液中加入 100 mL 85% 的磷酸，定容至 1 L 后，装入棕色瓶中备用。使用蒸馏水将牛血清白蛋白配制成 0.2 mg/mL，再将其进行稀释成浓度为 0 μg/mL、20 μg/mL、40 μg/mL、60 μg/mL、80 μg/mL、100 μg/mL 的标准溶液。量取浓度分别为 0 μg/mL、20 μg/mL、40 μg/mL、60 μg/mL、80 μg/mL、100 μg/mL 的系列标准液 1.0 mL 于试管中，再将 5 mL 的考马斯亮蓝试剂加入试管中，混合均匀后放置 5 min，使用分光光度计在 595 nm 处测定吸光度。以标准蛋白含量为横坐标，吸光度为纵坐标，绘制标准曲线，如图 3-1 所示。直线方程为 y=0.0083x+0.0172（线性相关系数 R^2= 0.9948）。

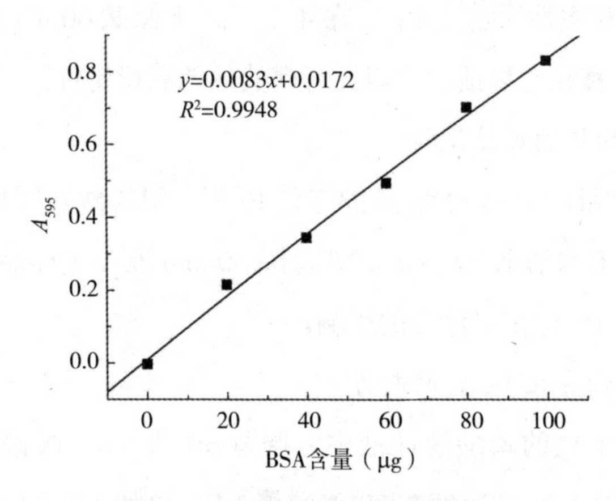

图 3-1 牛血清白蛋白标准曲线

使用蒸馏水配制浓度为 4 mg/mL 的酶液，在 5 mL 考马斯亮蓝试剂中加入 1 mL 的酶液，混合均匀并放置 5 min，使用分光光度计对酶液的吸光度（595 nm 处）进行测定。将所得结果代入标准曲线中，计算出酶液的蛋白质含量。酶蛋白负载量的计算方法如下：

$$酶蛋白负载量（mg/g）= \frac{(C_1-C_2)V}{W}$$

式中：C_1——反应体系中起始酶蛋白的浓度，mg/mL。

C_2——反应后酶蛋白浓度，mg/mL；

V——反应液的体积，mL；

W——载体的质量，g。

16. pH 对酶活力的影响

分别选用磁性固定化 PLA_2 和游离 PLA_2，对 100 g 毛油进行脱胶反应 5 h，在 55 ℃条件下，在 pH 3.5 ～ 7.5 的范围分别进行试验，测定游离酶和固定化酶的酶活力。

17. 反应温度对酶活力的影响

分别选用磁性固定化 PLA_2 和游离 PLA_2，对 100 g 毛油进行脱胶反应 5 h，在 pH 为 5.5 条件时，在 35 ～ 75 ℃的范围分别进行试验，测定游离酶和固定化酶的酶活力。

18. 固定化酶的储藏稳定性试验

将游离 PLA_2 和磁性固定化 PLA_2 在 4 ℃条件下储藏 60 d，每隔 10 d 对酶活力进行一次测定并计算相对酶活力，以此考察酶的储藏稳定性。

19. 固定化酶的热稳定性试验

分别称取一定量的游离 PLA_2 及固定化 PLA_2，用磷酸盐缓冲液调节体系的 pH 为 6.0，保持在 60℃水浴下 270 min，并每隔 30 min 取一定样品，测定相对活力，研究长时间加热对 PLA_2 相对活力的影响。

20. —COOH 固定化 PLA_2 的制备

在 500 U/mL PLA_2 的磷酸缓冲液中，调节 pH 为 6.0，缓慢加入 0.1 % 的 EDC 交联剂，随后以 50 r/min 的速度在 30 ℃搅拌 1 h，再加入 0.12 % 的 NHS 继续搅拌 1 h，制备出活性酯修饰的 PLA_2。将在磷酸缓冲溶液中浸泡 24 h 的 1 g Fe_3O_4/SiO_2-NH_2 载体加入反应体系中，30 ℃，200 r/min，振荡 4 h。反应结束后，用缓冲溶液洗涤 5 次，得到的固定化酶进行磁分离，4 ℃保存。

21. PLA_2 酶解反应动力学

向脱胶毛油中添加 PA 的浓度为 0.7 ～ 3.5 mol/L，酶解，游离 PLA_2 添加量 150 mg/kg，固定化 PLA_2 的添加量均为 0.10 g/kg，热水加入量为 20 mL/kg，在 pH 为 5.5，温度为 55 ℃的条件下，以 80 r/min 搅拌，通过水解前后 PA 浓度变化量计算反应速率，并计算动力学参数 K_m 与 V_{max}。

22. 圆二色谱分析

将样品用超纯水稀释至浓度 1 mg/mL，在直径为 0.2 cm 的石英比色皿中进行扫描，波长范围 190 ～ 250 nm，速率 100 nm/min，扫描 5 次，获取酶的二级结构数据。

23. 荧光光谱分析

用 PB 缓冲溶液将磷脂酶配成浓度为 0.6 mg/mL 的溶液，25 ℃下，在激发波长 280 nm 处，发射波长范围为 290 ～ 450 nm，速率 200 nm/min，进行扫描。所有实验数据均为 5 次平行重复实验结果的平均值。

24. 统计与分析

所有试验均重复 3 次，试验结果取平均值和标准误差值，采用 Origin 8.5 统计分析软件进行基础数据整理、分析与作图。单因素的方差使用 SPSS 16.0 软件进行分析，数据的差异显著性采用 Ducan（$P < 0.05$）进行检验。

第二节　PLA_2 催化反应机制

酶的活性中心氨基酸参与主要的催化反应，对 PLA_2 催化反应机制的推测有助于对酶活性中心的研究，同时也可以为定向固定化提供参考。对 PLA_2 催化反应机制的推测是以已有相关报道和对反应产物的分析为基础，探索其与底物反应的作用机制，将以 PLA_2 亚类的氨基酸一级结构信息为基础，选择适合的底物进行相关推测。

1. PLA_2 的氨基酸序列

从蛋白质数据库（PDB）下载图 3–2（彩图见附录图 1）所示有效的 PLA_2 的 3D 结构，PDB ID:1L8S（来自猪胰），其对磷脂的特异性水解已有相关报道。

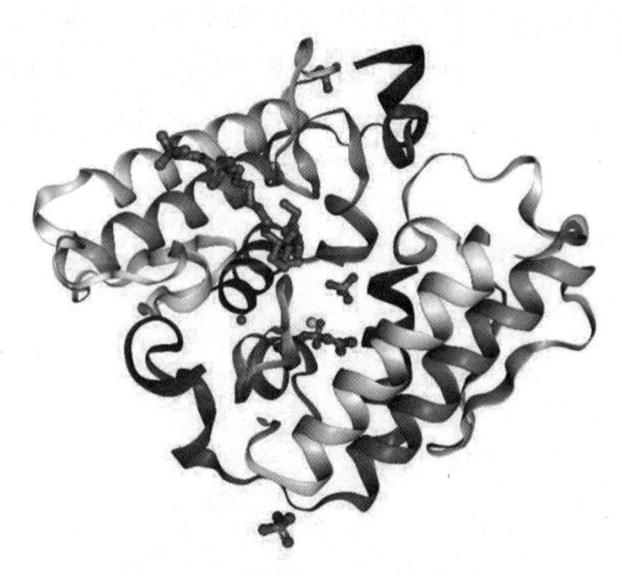

图 3–2　PLA_2（1L8S）的 3D 结构

从蛋白质数据库（PDB）中导出其氨基酸组成与序列，整理后如表 3–1 所示。

由表 3–1 可知，PLA_2（1L8S）由多种氨基酸组成，其中 Asp、Cys 和 Ser 等含量均较高。

表 3-1 PLA_2（1L8S）的氨基酸序列

序号	氨基酸
1 ～ 30	A L W Q F R S M I K C A I P G S H P L M D F N N Y G C Y C G
31 ～ 60	L G G S G T P V D E L D R C C E T H D N C Y R D A K N L D S
61 ～ 90	C K F L V D N P Y T E S Y S Y S C S N T E I T C N S K N N A
91 ～ 120	C E A F I C N C D R N A A I C F S K A P Y N K E H K N L D T
121 ～ 124	K K Y C

2. PLA_2 水解反应底物的选择

PLA_2 既可以水解水化磷脂，又可以水解非水化磷脂。根据实验结果，采用联合脱胶法，PLA_2 的作用主要为脱除非水化磷脂及少量的 PLC 未脱除的水化磷脂，所以应选择有代表性的非水化磷脂作用反应底物进行研究。PLA_2 可以水解的非水化磷脂主要为 PE 和 PA，大豆的粗磷脂中 PA 含量相对较高，所以，选择 PA 为 PLA_2 水解的底物进行研究。

磷脂酸分子含有甘油骨架，甘油的 1 号位羟基被饱和脂酰基取代，2 号位羟基被不饱和脂酰基取代，3 号位羟基则被磷酸基团取代。由于 PA 具体结构种类较多，选择最常见的 Sn-1-C18:0/sn-2-C18:1-PA 为底物进行研究。其 3D 结构如图 3-3 所示。

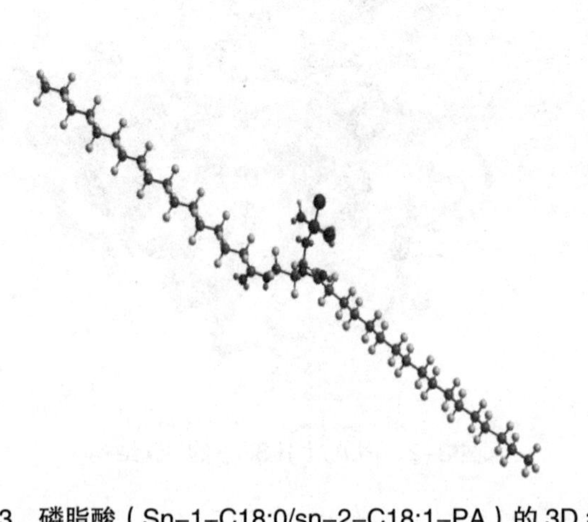

图 3-3 磷脂酸（Sn-1-C18:0/sn-2-C18:1-PA）的 3D 结构

3. PLA_2 催化水解 PA 反应机制的推测

磷脂酶与脂肪酶有着相似的结构，根据 Verger R 的酶水解理论，磷脂酶在水解不溶性底物的活化过程中构象发生变化，以此推导其催化水解特性。Scott D L 研究了 1L8S 亚类的 PLA_2 与磷酸酯过渡态的反应过程，His48 和 Asp99 起到最关键的作用，并且应有 Ca^{2+} 参与其中，在此过程中形成四面体过渡态，完成产物的释放。基于以上理论，考虑到反应过程中伴随产物溶血磷脂及 FFA 的释放，推测 His48 和 Asp99 形成二元聚合体，再与 Ca^{2+} 形成复合物，本研究将对 PLA_2 催化的 PA 水解机制做进一步分析。

PLA_2 活性中心"His–Asp"二元聚合体通过氢键相连，底物 PA 与 PLA_2 接触，依靠底物与 PLA_2 之间形成的氢键作用，PLA_2 将底物吸附在酶的活性中心上。Ca^{2+} 对 Sn–2 位的羰基氧极化，此时，有水分子参与其中，水分子中的氧对 Sn–2 位的羰基碳正离子发起进攻，形成了四元环中间体，其处于不稳定的高能状态。为了得到稳定的体系，中间体释放出产物溶血磷脂，此时 PLA_2 活性中心与水分子结合，形成了新的四元环中间体，再释放出产物FFA，以此降低体系能量，达到了稳定状态，得到游离态 Ca^{2+} 和"His–Asp"二元聚合体，等待与新的磷脂酸相遇，进行新一轮催化水解反应，详细过程见图 3–4。

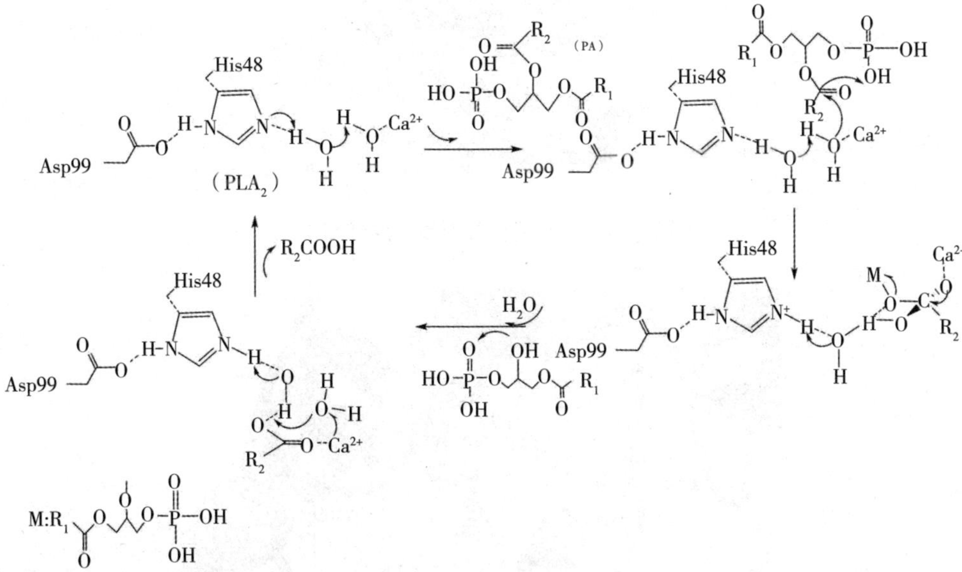

His48
Asp99
(PLA_2)
Ca^{2+}
(PA)
HO–P–O
OH
R_1
R_2
R_2COOH
H_2O
M

M:R_1 … O–P–OH

R_1:$CH_3(CH_2)_{15}CH_2$—

R_2:$CH_3(CH_2)_7CH{=}CH(CH_2)_6CH_2$—

图 3–4　PLA_2 催化水解 PA 反应机制

第三节　利用分子对接技术研究 PLA_2 的活性中心

PLA_2 水解底物 PA 过程中的“His–Asp”二元聚合体反应机制是通过前人报道结合实验产物进行分析的结果，分子对接可以从模拟角度将该反应过程重现，以此验证反应机制分析的结果。此外，通过分子对接确定 PLA_2 的活性中心氨基酸及活性基团，为定向固定化提供参考。

以 PLA_2（1L8S）为蛋白受体，以磷脂酸中比较常见的 Sn–1–C18:0/Sn–2–C18:1–PA 为配体，利用 Autodock 4.2 对其进行分子对接，对接结果如图 3–5（彩图见附录图 2）和图 3–6（彩图见附录图 3）所示。

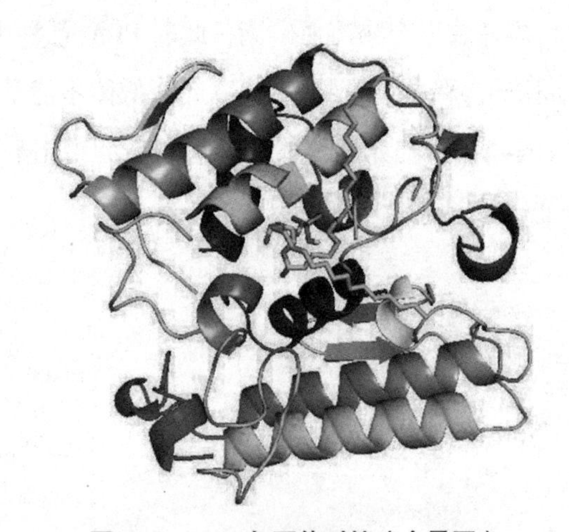

图 3–5　PLA_2 与配体对接（全景图）

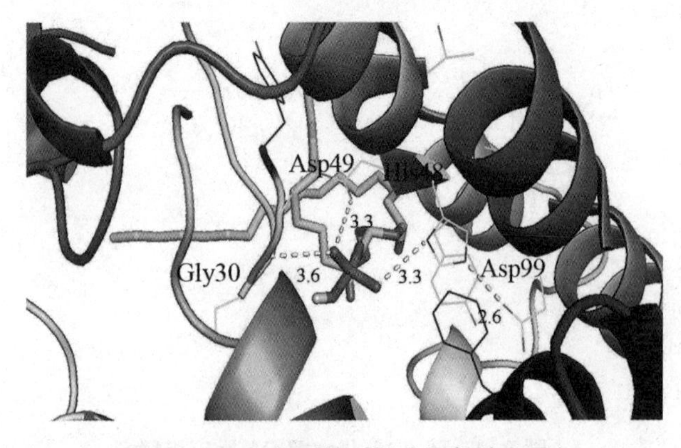

图 3–6　PLA_2 与配体对接（局部放大图）

由图3–5和图3–6可以看出，PA和PLA_2很好地进行了对接。在分子对接过程中，多种氨基酸参与了与配体的作用，其中，Gly30、His48、Asp49和Asp99位于活性中心，且在反应过程中发挥了关键作用。Gly30 和 Asp49 均与磷酸基团上的氧原子形成氢键，键长分别为3.6Å和3.3Å，His48与磷酸基团上的羟基氧原子形成氢键，键长3.3Å，His48 与 Asp99 之间通过氢键相连，键长 2.6Å。His48 和 Asp99 两个活性中心氨基酸与 PLA_2 对 PA 的水解机制分析中的氨基酸相一致。在 PA 和 PLA_2 的对接过程中，结合自由能为 –0.53 kcal/mol。

由分子对接发现了 PLA_2 的活性中心，活性中心氨基酸残基及其活性基团如表 3–2 所示。

表 3–2　PLA_2 活性中心的氨基酸残基与活性基团

活性中心的氨基酸	活性基团
Gly30	—
His48	—
Asp49	—COOH
Asp99	—COOH

如表 3–2 所示，多种氨基酸参与了与配体的作用，Gly30、His48、Asp49 和 Asp99 位于活性中心。Asp49 和 Asp99 氨基酸残基中，带有活性基团—COOH，所以，在对该酶进行固定化过程中，为了尽可能保留酶的活性，应避免固定化载体与—COOH 的反应，应将—COOH 暴露在外，以保留酶活。因此，可以考虑固定化载体与酶分子中 ε–NH_2、—OH 或—SH 的结合。

第四节　PLA_2 非活性中心氨基酸残基分布的研究

在酶的共价固定化过程中，一方面，氨基酸活性基团的比例会对固定化酶的活性产生影响；另一方面，带有活性基团的氨基酸在酶分子中的空间分布对固定化酶活性的影响会更大。因此，有必要对 PLA_2 的三维构象进行研究，分析其非活性中心氨基酸残基的分布，为定向固定化提供理论依据，以期保留酶的活性中心，获得更好的固定化效果。

1. PLA_2 中带活性基团氨基酸残基比例分析

酶的活性基团在固定化中的作用主要是提供了固定化位点，活性基团的数量往往在一定程度上与载体和酶键合的概率、载酶量的多少有关，所以有必要对带有活性基团的氨基酸残基比例进行分析。通过分析 PLA_2 的氨基酸序列，查找出其中带有 ε-NH_2、—COOH、—OH 及—SH 等的活性基团及对应的氨基酸残基，具体情况如表 3-3 所示。

表 3-3　PLA_2 的氨基酸活性基团及残基比例

活性基团	AA 残基	残基个数	占比（%）
ε-NH_2	赖氨酸 Lys	9	7.3
—COOH	天冬氨酸 Asp	9	12.1
	谷氨酸 Glu	6	
—OH	丝氨酸 Ser	10	19.4
	苏氨酸 Thr	6	
	酪氨酸 Tyr	8	
—SH	半胱氨酸 Cys	14	11.3

由表 3-3 可以看出，在 PLA_2 的氨基酸残基中存在着 ε-NH_2、—COOH、—OH 及—SH 等活性基团。其中，带有—OH 的氨基酸残基（Ser、Thr、Tyr）占比最高，达到 19.4%，除此之外，带有活性基团的氨基酸残基占比由高到低依次是带有—COOH 的氨基酸残基（Asp、Glu）、带有—SH 的氨基酸残基（Cys）和带有 ε-NH_2 的氨基酸残基（Lys）。PLA_2 活性中心氨基酸带有活性基团—COOH，所以，—COOH 不适宜作为固定化结合位点，不对其分布情况进行分析。其他 3 种活性基团—OH、—SH 和 ε-NH_2 均不在活性中心氨基酸上，因此，非活性中心氨基酸残基的分布情况主要考察带有—OH、ε-NH_2 和—SH 的氨基酸残基。

2. 带有—OH 的氨基酸残基分布（Ser、Thr 和 Tyr）

带有活性基团—OH 的 Ser、Thr 和 Tyr 残基分布如图 3-7（彩图见附录图 4）所示。图 A 与图 B 为不同角度取图。

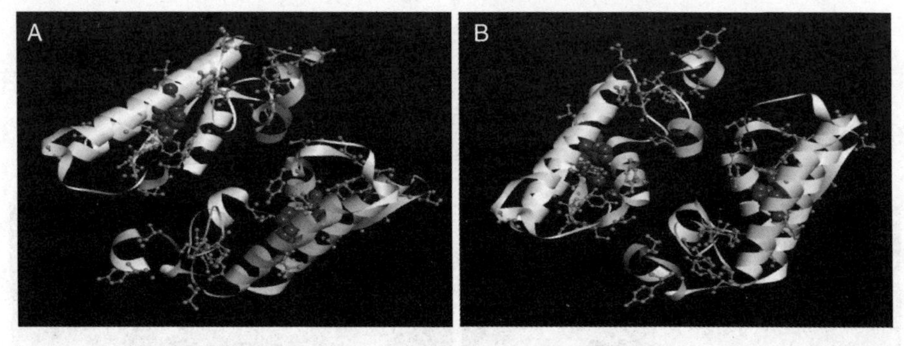

图 3-7　PLA_2 中带有—OH 的氨基酸分布

由图 3-7 可以看出，3 种带有—OH 的氨基酸残基在 PLA_2 上有大量分布，且分布比较分散。但在活性中心附近也发现了大量带有—OH 的氨基酸残基分布，如果以—OH 为固定化结合位点，由于其与活性中心过于接近，将会对酶的活性有较大的影响，因此，PLA_2 上的活性基团—OH 不适宜作为固定化的结合位点。

3. 带有 ε-NH_2 的氨基酸残基分布（Lys）

带有活性基团 ε-NH_2 的 Lys 残基分布如图 3-8（彩图见附录图 5）所示。图 A 与图 B 为不同角度取图。

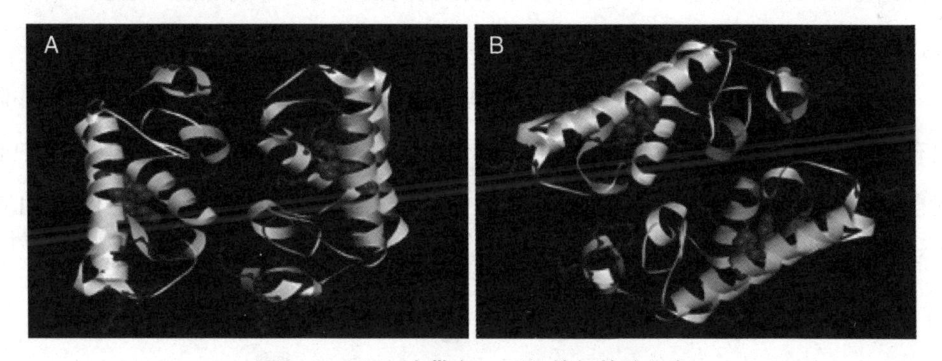

图 3-8　PLA_2 中带有 ε-NH_2 的氨基酸分布

由图 3-8 可知，带有 ε-NH_2 的氨基酸残基（Lys）多数分布在远离酶活性中心的位置，即远离活性中心，可以考虑作为固定化的结合位点。但在图中可以看出，Lys 分布量较少，这与表 3-3 的分析结果相吻合，Lys 残基在 PLA_2 中的含量仅为 7.3%，所以在固定化过程中可提供的结合位点较少。因此，ε-NH_2 并不是固定化 PLA_2 结合位点最理想的选择。

4. 带有—SH 的氨基酸残基分布（Cys）

带有活性基团—SH 的 Cys 残基分布如图 3-9（彩图见附录图 6）所示。图 A 与图 B 为不同角度取图。

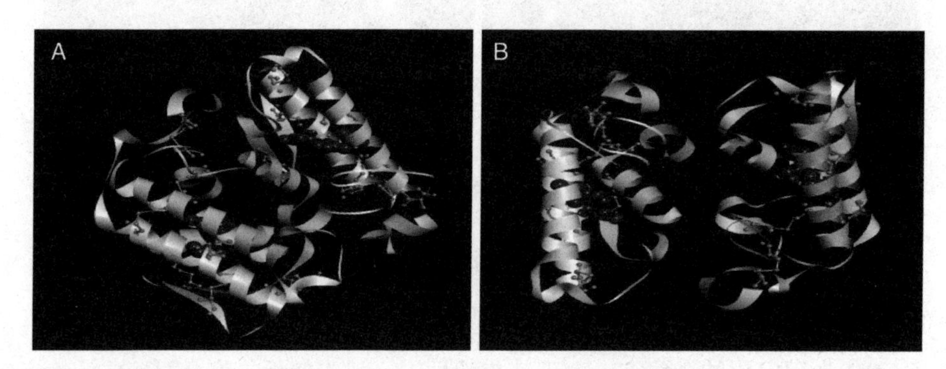

图 3-9 PLA_2 中带有—SH 的氨基酸分布

由图 3-9 可以看出，带有—SH 的氨基酸（Cys）均分布在距离活性中心比较远的位置，可以考虑选择 Cys 上的活性基团—SH 为固定化结合位点，以此避免酶的活性中心因固定化而受到影响，结合表 3-3 的结果，发现 Cys 残基在 PLA_2 中含量占比为 11.3%，相对较高，可以为固定化提供较多的—SH 位点。因此，—SH 是比较理想的 PLA_2 固定化结合位点。

综合以上分析结果，由于—OH 氨基酸残基分布比较分散，且在活性中心附近有较多分布，ε-NH_2 的氨基酸残基含量过低。所以，选择远离 PLA_2 活性中心且含量较高的 Cys 残基上的—SH 作为固定化结合位点，可最大限度地保留 PLA_2 的活性。

第五节　磁性载体固定化 PLA_2 策略

由前文可知，PLA_2 的活性中心氨基酸存在较多带有活性基团—COOH 的氨基酸残基，为了避免氨基酸的活性中心在固定化过程中受到影响，固定化位点不应该选择—COOH 基团。同时，PLA_2 分子中带有活性基团—SH 的氨基酸残基分布位置均远离酶的活性中心，且含量较高，所以，为了既保证酶的活性，又保证酶的负载量，Cys 上的活性基团—SH 应该是最理想的固定化结合位点。

固定化的另一端为载体，载体与 Cys 上活性基团—SH 的结合方式最常见的有两大类，一类是前文提及的，与 Au 等金属定向结合。但对于本研究中采用的磁性载体，负载 Au 的过程较为复杂，且 Au 的成本很高，利用其作为固定化磷脂酶的原材料无法达到降低工业化酶法脱胶成本的目的。另一类是将—SH 定向地固定在吡啶基二硫化物或马来亚胺化合物上，这是应用较为广泛的一种方法，如图 3-10 所示，溶菌酶上的—SH 与吡啶基二硫化合物中的二硫键共价结合，—SH 也可以与马来亚胺化合物中五元环共价结合。

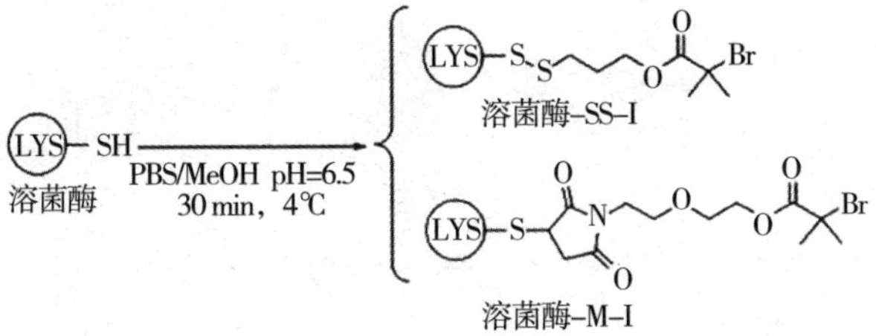

图 3-10　溶菌酶上的—SH 与吡啶基化合物和马来亚胺化合物定向结合示意图

参考以上方法，PLA_2 中 Cys 残基上的活性基团—SH 可以与吡啶基或马来亚胺化合物定向共价结合，化合物的另一端需要与载体结合才可以达到固定化的目的。这两类化合物中均存在较为活跃的羰基基团，其更易与载体上的特定基团结合，羰基与氨基发生的缩合反应是较为常见的，也是较易发生的。

鉴于此，本研究采用 sulfo-SMCC 与氨基载体反应，制备具有功能性的氨基载体，再将 PLA_2 进行固定化，定向地固定 Cys 残基中的活性基团—SH，反应路径如图 3-11 所示。

图 3-11 是 PLA_2 分子 Cys 残基上—SH 通过 sulfo-SMCC 与氨基载体定向固定化的过程。为了满足工艺需要，提高重复利用率，本研究采用了带有磁性的 Fe_3O_4/SiO_2 作为基本载体，在 PLA_2 的—SH 定向固定化过程中，PLA_2 活性中心的活性基团—COOH 没有被作为固定化结合位点，活性中心受到的影响很小，活性中心被很好地暴露出来，这将为其在脱胶过程中脱除 PA 等非水化磷脂提供很好的前提条件。

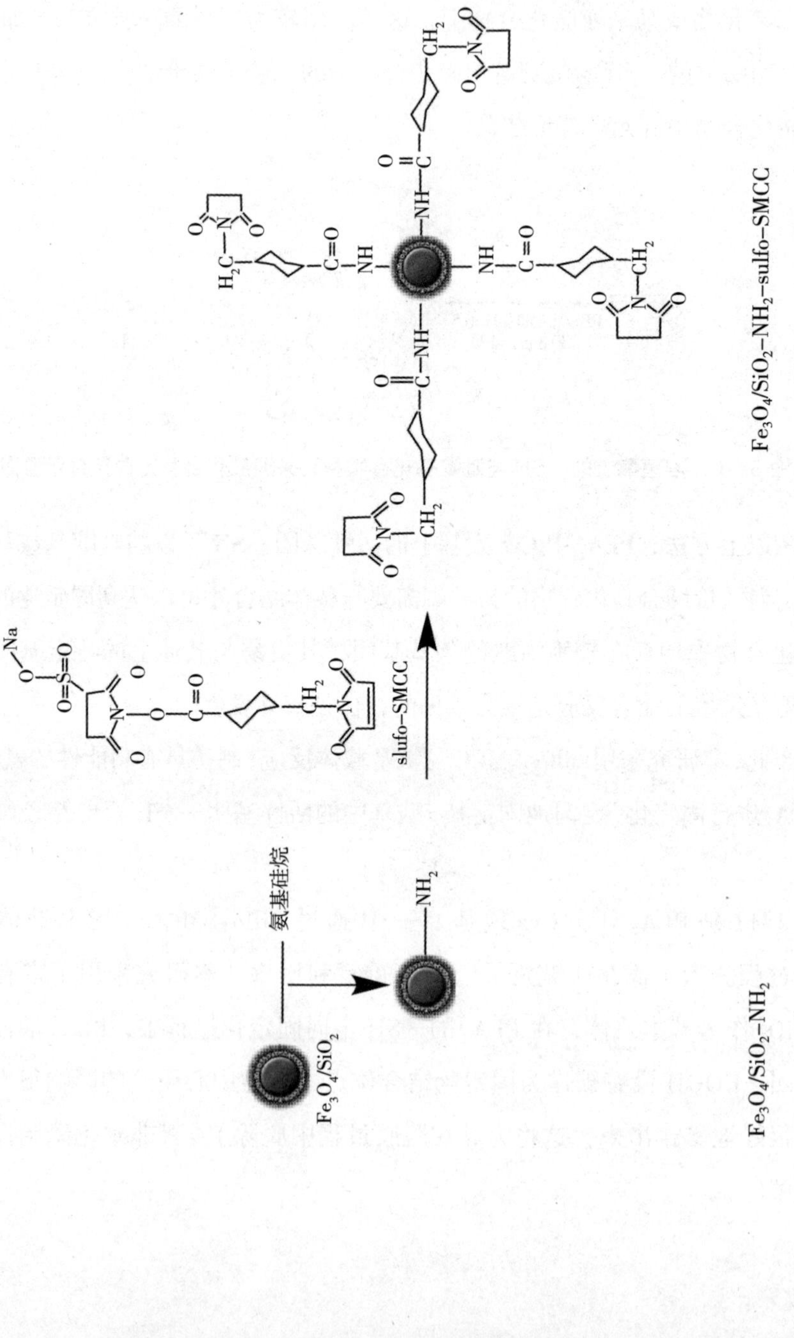

Fe_3O_4/SiO_2

氨基硅烷

$Fe_3O_4/SiO_2–NH_2$

slufo–SMCC

$Fe_3O_4/SiO_2–NH_2$–sulfo–SMCC

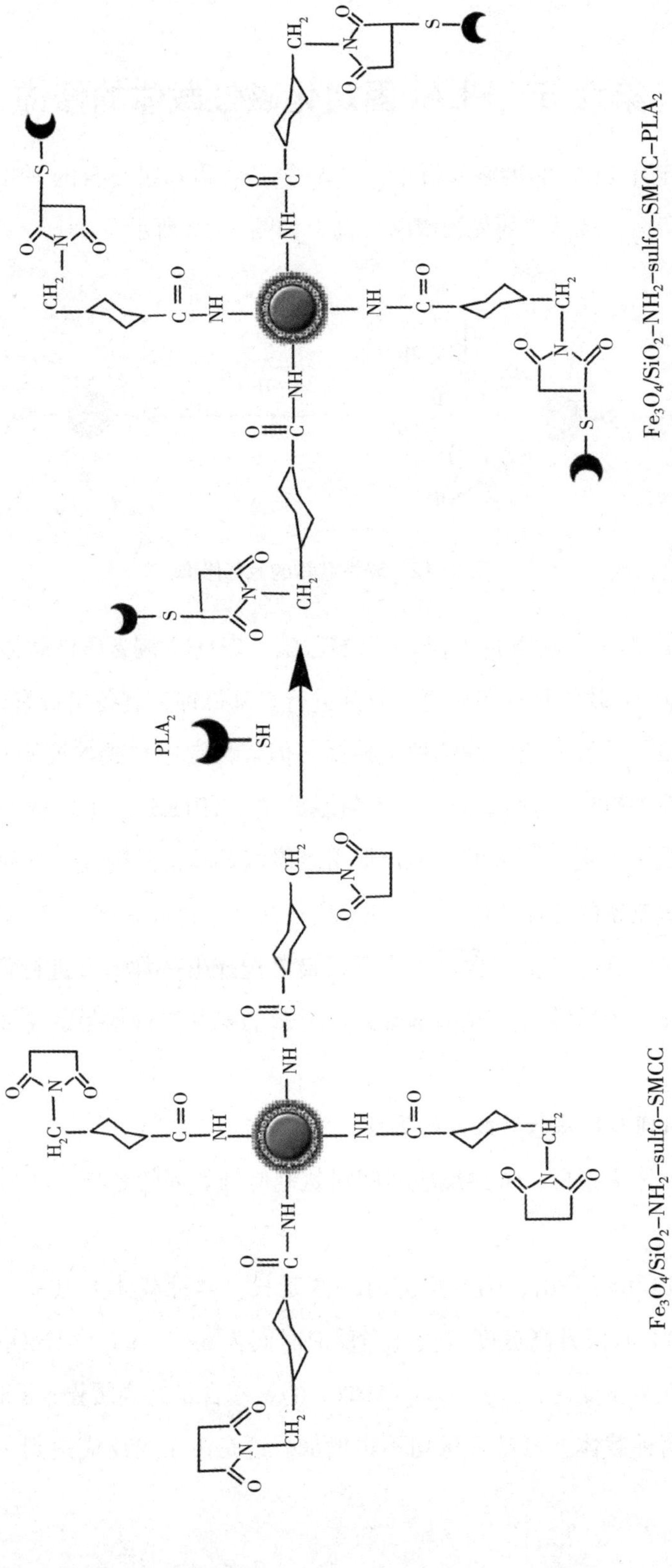

Fe_3O_4/SiO_2–NH_2–sulfo–SMCC

PLA$_2$

Fe_3O_4/SiO_2–NH_2–sulfo–SMCC–PLA$_2$

图 3-11　PLA$_2$ 的磁性定向固定化示意图

第六节　PLA_2 固定化磁性载体的修饰

在对固定化 PLA_2 的策略分析中，PLA_2 分子可以通过自身的—SH 定向地固定在载体上，所以，载体需要先被氨基修饰，如图 3–12 所示。

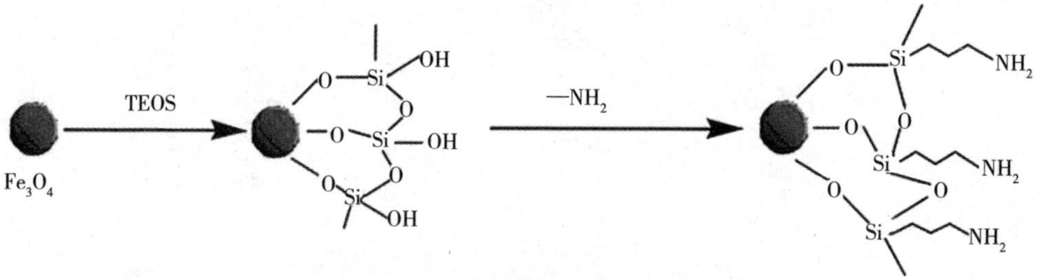

图 3–12　磁性载体的氨基修饰

如图 3–12 所示，利用 Fe_3O_4 与正硅酸乙酯（TEOS）制备磁性载体 Fe_3O_4/SiO_2，活化的 Fe_3O_4/SiO_2 载体具有多羟基，对其进行氨基修饰，制备出带有—NH_2 基团的磁性载体。目前，氨基偶联剂的种类较多，但较为常用且成本较低的为氨基丙基三甲氧基硅烷（APS）与氨基丙基三乙氧基硅烷（APTES），哪一种偶联剂将会有更好的负载效果并提供更多的—NH_2 基团尚需试验验证。因此，本研究将 APS 与 APTES 分别对制备的磁性载体 Fe_3O_4/SiO_2 进行修饰，合成具有—NH_2 基团的磁性硅基载体材料，以载体上氨基含量为指标，最终选择出一种适合进行定向固定化的氨基磁性载体，为后续研究提供基础，并对影响氨基修饰效果的主要影响因素进行研究。

1. 反应时间对氨基修饰效果的影响

以氨基含量为指标，考察反应时间对氨基修饰效果的影响，其结果如图 3–13 所示。

由图 3–13 可以看出，随着反应时间的延长，两种载体上氨基含量均逐渐升高，在 2 ～ 6 h 时段升高速度较快。当反应时间为 6 ～ 8 h 时，Fe_3O_4/SiO_2–APS 的氨基含量没有明显变化，Fe_3O_4/SiO_2–APTES 的氨基含量升高缓慢；8 h 后，再延长反应时间，两种载体上氨基含量均不再增加。这是由于当反应达到一定时间后，两种载体上氨基的负载量均趋于饱和。所以，Fe_3O_4/SiO_2–APTES 的最适反应时间为 8 h，Fe_3O_4/SiO_2–APS 的最适反应时间为 6 h，达到最大值时，后者的氨基含量更大，修饰效果更好。

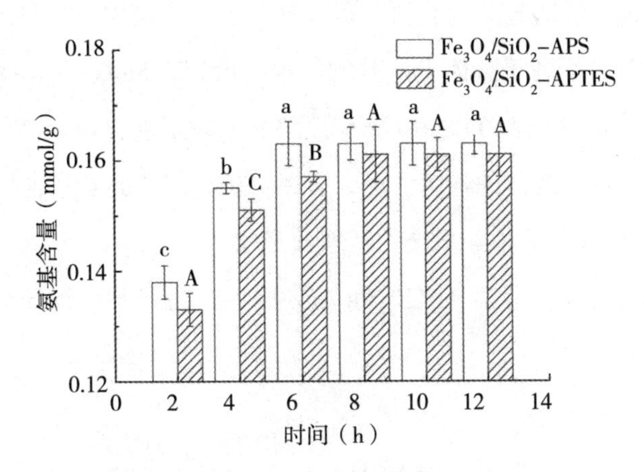

图 3–13 反应时间对氨基修饰效果的影响

2. 反应温度对氨基修饰效果的影响

以氨基含量为指标，考察反应温度对氨基修饰效果的影响，其结果如图 3–14 所示。

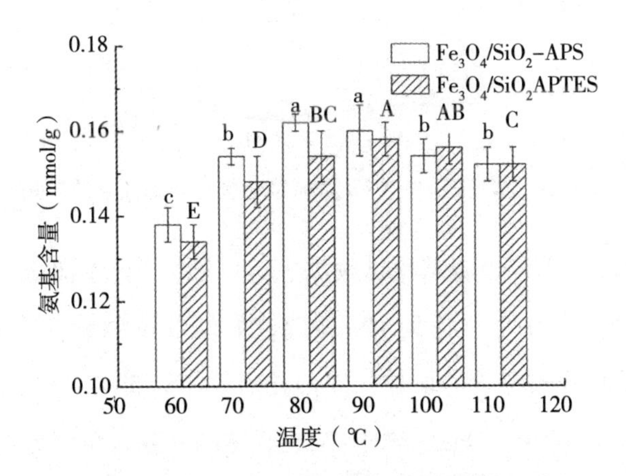

图 3–14 反应温度对氨基修饰效果的影响

由图 3–14 可知，在反应温度低于 80 ℃时，随着温度的升高，两种载体上氨基含量均逐渐上升，当反应温度达到 80 ℃，Fe_3O_4/SiO_2–APS 载体上氨基含量达到最大值，而 Fe_3O_4/SiO_2–APTES 需要在 90 ℃才能达到氨基含量的最大值。这是因为 APTES 在结构上比 APS 多了一个亚甲基—CH_2，致使反应活化能略高，所以为了克服能垒，需要相对更高的反应温度提供能量。当达到一定温度后，两种载体上的氨基含量均随着温度的升高而有所降低，这表明，提高温度有利于氨基的负载，但过高的反应温度，不利于载体上氨基的负载。所以，Fe_3O_4/SiO_2–APS 的最佳反应温度为 80 ℃，Fe_3O_4/SiO_2–APTES 在反应温度 90 ℃时氨基含量最高。在两种载体的最佳反应温度下，对比载体的氨基含量，Fe_3O_4/SiO_2–APS 的氨基含量最高。

3. APTES/APS 添加量对氨基修饰效果的影响

以氨基含量为指标，考察 APTES 和 APS 添加量对氨基修饰效果的影响，其结果如图 3–15 所示。

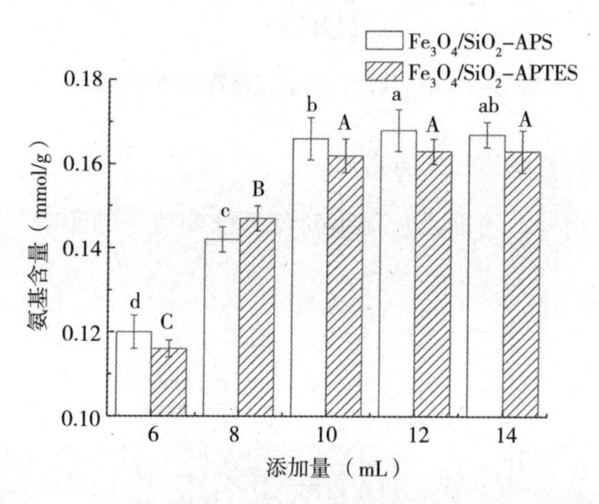

图 3–15 APTES 和 APS 添加量对氨基修饰效果的影响

由图 3–15 可以看出，当氨基化试剂添加量不断增加，两种载体氨基含量均呈现上升趋势，当试剂的添加量达到 10 mL 时，氨基的负载量接近饱和，所以两种载体上氨基的含量均没有显著的增加，Fe_3O_4/SiO_2–APS 和 Fe_3O_4/SiO_2–APTES 氨基试剂的最佳添加量均为 10 mL，Fe_3O_4/SiO_2–APS 载体的氨基含量明显更高。

综合以上单因素试验研究发现，APTES 作为氨基来源，其氨基含量明显小于 APS 作为氨基来源的载体，所以，我们以 Fe_3O_4/SiO_2–APS 为氨基载体供后续研究使用，效果更佳。因其是氨基来源，故将其用基团命名，后续研究中统一命名为 Fe_3O_4/SiO_2–NH_2。

第七节　PLA$_2$ 固定化磁性载体表征分析

依照前文所述的方法制备 sulfo-SMCC 活化的 Fe_3O_4/SiO_2–NH_2–sulfo-SMCC 载体。为了确定载体的制备效果，将制备的 Fe_3O_4/SiO_2、氨基修饰的 Fe_3O_4/SiO_2–NH_2 和活化的 Fe_3O_4/SiO_2–NH_2–sulfo-SMCC 载体分别进行结构表征分析。

1. 磁性载体的 SEM 分析

采用扫描电镜观察自制的载体纳米粒子的形态结构，其扫描电镜照片如图 3-16 所示。

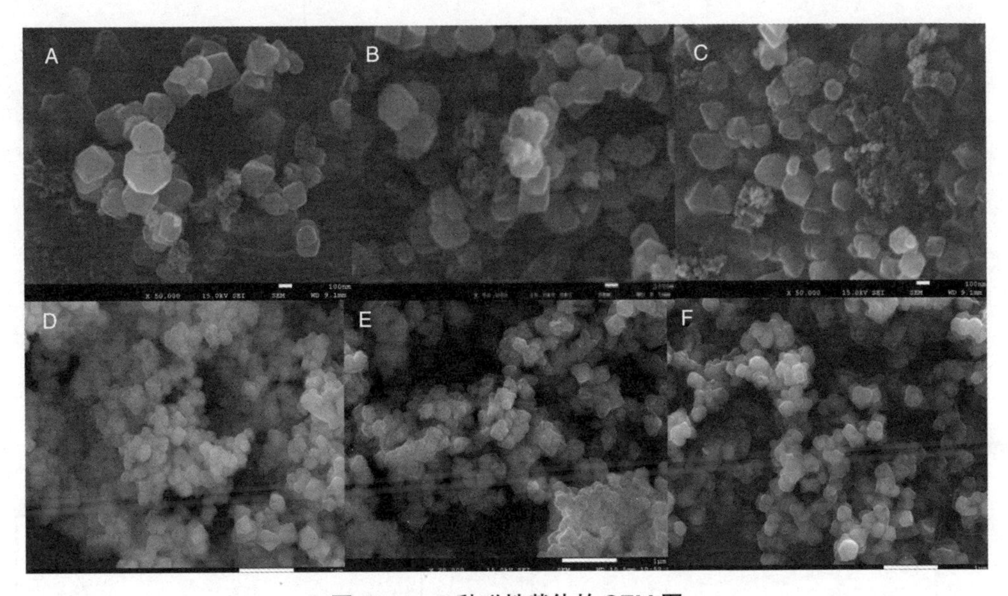

图 3-16　3 种磁性载体的 SEM 图

A、D 为 Fe_3O_4/SiO_2　B、E 为 Fe_3O_4/SiO_2–NH_2　C、F 为 Fe_3O_4/SiO_2–NH_2–sulfo-SMCC

（A、B、C 为 50000 倍下观察图，D、E、F 为 20000 倍下观察图）

由图 3-16 中的 A、D 可以看出，磁性 Fe_3O_4/SiO_2 载体基本成球形，粒径一般为 90 ~ 120 nm，分散性略差，这与载体表面 SiO_2 上过多的羟基有关，羟基之间的氢键作用降低了载体颗粒的分散性；图 3-16 中的 B、E 为 Fe_3O_4/SiO_2–NH_2 载体的表面形态结构，从图中我们能够发现 Fe_3O_4/SiO_2–NH_2 载体粒子分散较为均匀，基本呈球形形态，少数团聚现象是因为有—NH_2 接入所导致的，但整体呈分散状态，载体的粒径大小为 90 ～ 120 nm，载体的表面凹凸不平，略显粗糙，这样的结构就使得磁性载体的表面积得到较大的提升；图 3–16 中的 C、F 表明，Fe_3O_4/SiO_2–NH_2–sulfo–SMCC 也基本呈现球形，其平均粒径为 110 nm，载体的表面同样呈现出了粗糙且凹凸不平的效果，有部分团聚现象，整体呈分散状态。3 种载体的粒径均较小，这将有利于对酶的固定化。

2. 磁性载体的粒径分析

取适量自制的载体纳米粒子，通过激光粒度分析仪进行测量，试验结果如图 3–17 所示。

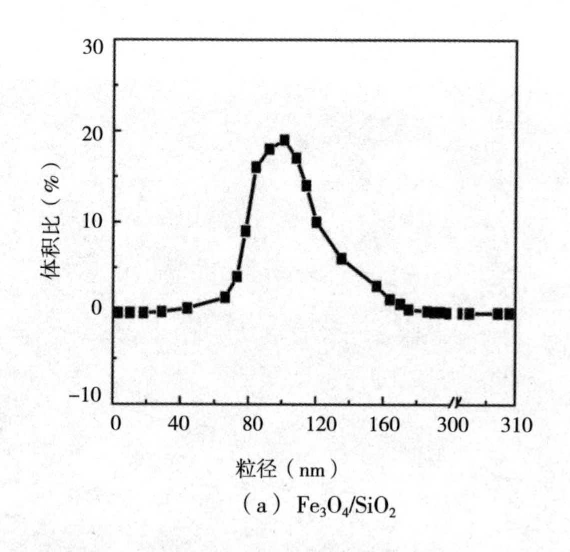

（a）Fe_3O_4/SiO_2

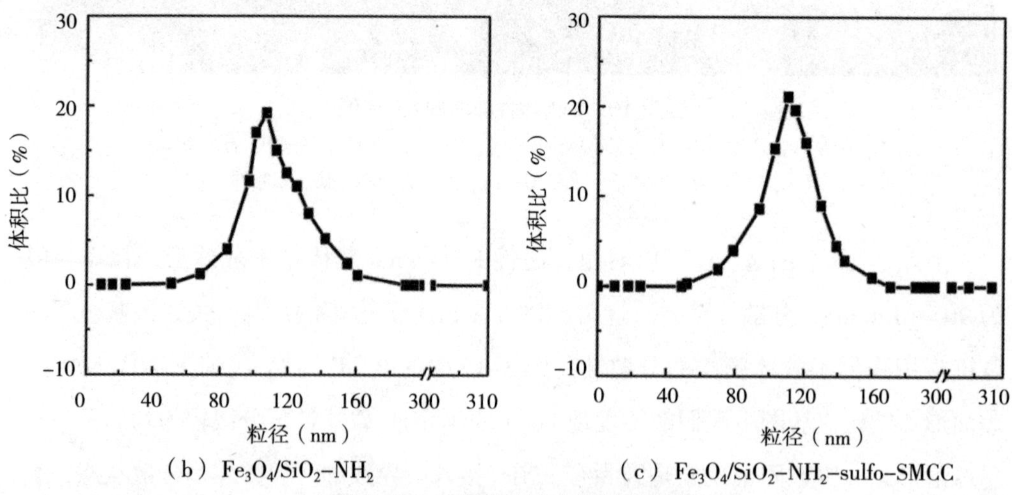

（b）Fe_3O_4/SiO_2–NH_2　　（c）Fe_3O_4/SiO_2–NH_2–sulfo–SMCC

图 3–17　3 种磁性载体的粒径分布

由图 3-17（a）可以看出，Fe_3O_4/SiO_2 载体平均粒径为（101.20 ± 1.50）nm，分布范围为 29.10 ～ 194.20 nm，粒径分布范围较广；由图 3-17（b）可以看出，Fe_3O_4/SiO_2-NH_2 载体平均粒径为（107.00 ± 1.10）nm，分布范围为 51.20 ～ 161.40 nm，粒径分布范围略窄；由图 3-17（c）可以看出，Fe_3O_4/SiO_2-NH_2-sulfo-SMCC 载体平均粒径为（110.60 ± 1.00）nm，分布范围为 52.50 ～ 160.20 nm，粒径分布范围略窄。因此，所制备的 3 种磁性载体均属于纳米级载体，粒径均较小，较小的粒径将增加酶负载时的接触面积，为提高酶的负载量提供了较好条件。

3. *磁性纳米载体的磁性能分析*

利用振动磁强计来测定自制磁性载体粒子的磁性能，通过振动磁强计测定室温条件下的磁滞回线，实验结果如图 3-18 所示。

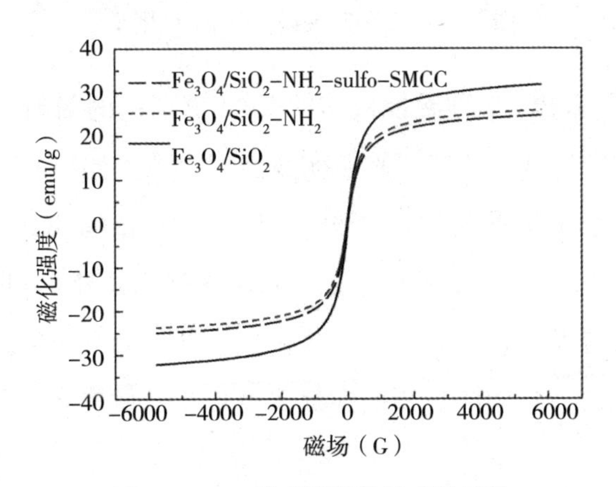

图 3-18 3 种磁性载体的磁滞回线

对所合成磁性微球载体进行磁性能测试，结果如图 3-18 中磁滞回曲线所示。Fe_3O_4/SiO_2 载体的比饱和磁化强度为（31.70 ± 0.60）emu/g，而氨基载体 Fe_3O_4/SiO_2-NH_2 和 Fe_3O_4/SiO_2-NH_2-sulfo-SMCC 的比饱和磁化强度分别为（25.80 ± 0.60）emu/g 和（24.60 ± 0.80）emu/g。综上所述，3 种磁性载体的比饱和磁化强度均较高，载体可以在外加磁场下被很好地磁化，在反应体系中均可以被快速而简单地分离出来。3 种磁性载体剩磁和矫顽力均为零，均具有顺磁性，不易聚团，有利于载体的重新分布。

4. 磁性载体的 X 衍射分析

取 100 mg 真空干燥后的载体，将其研磨成粉末并制成平面试片，采用 XRD-6100 型 X 射线衍射仪对粒子进行 X 射线衍射分析，试验结果如图 3-19 所示。

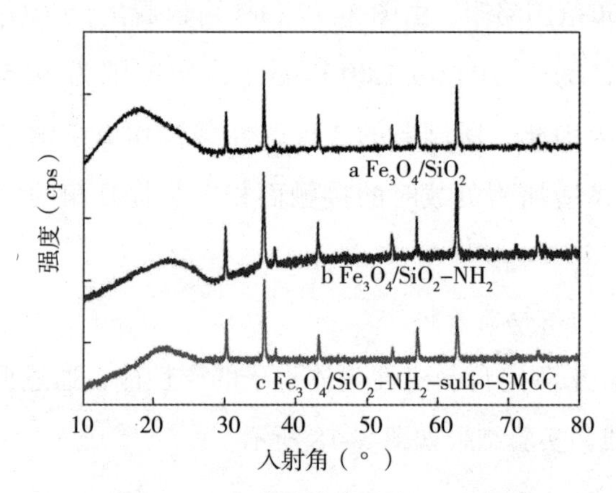

图 3-19 3 种磁性载体的 XRD 图谱

由图 3-19 可以看出，3 种磁性载体的 XRD 谱图中的衍射峰位置和强度结果都与粉末衍射 PDF 卡（19-629#）的标准数据相一致，同时在 30°、36°、42.5°、53.5°、57° 和 62° 处出现明显的特征峰。此种特征峰的出现说明载体中均含有 Fe_3O_4 纳米粒子，同时也表明在包覆 SiO_2 及氨基功能化的过程中，Fe_3O_4 纳米粒子的晶型依然保持稳定。同时，在 15° ～ 25° 均出现了宽化的衍射峰，强度不大，这是非晶态的 SiO_2 衍射峰，说明在载体中有 SiO_2 的存在，并且是以无定型体存在的。

5. 磁性载体的红外光谱分析

采用傅里叶红外光谱对磁性载体粒子进行结构分析，以此判断功能性载体是否制备成功，粒子的 FT-IR 光谱图如图 3-20 所示。

从图 3-20 可以看出，在 Fe_3O_4/SiO_2、Fe_3O_4/SiO_2-NH_2 和 Fe_3O_4/SiO_2-NH_2-sulfo-SMCC 3 种磁性载体的红外光谱中，579 cm^{-1} 对应 Fe_3O_4 中 Fe—O 特征伸缩振动吸收峰，峰形完整，表明 3 种磁性 Fe_3O_4 修饰效果均很好；并且，在 3 种磁性载体红外图谱中，3410 cm^{-1} 和 1631 cm^{-1} 分别对应—OH 的伸缩振动和弯曲振动峰，790 cm^{-1} 和 1100 cm^{-1} 处分别为 Si—OH 和 Si—O—Si 的对称和不对称伸缩振动吸收

峰，说明 SiO_2 均包覆良好；此外，在曲线 b 和 c 中 3420 cm^{-1} 应为 N—H 键的伸缩振动吸收峰，但其与 3410 cm^{-1} 处的—OH 伸缩振动峰重合，无法判断—NH_2 的负载情况，在曲线 b 和 c 中的 1550 cm^{-1} 出现了 N—H 键变形振动吸收峰，以此可以说明两种载体的—NH_2 修饰成功。sulfo-SMCC 的特征峰在 1257 cm^{-1} 和 2350 cm^{-1} 处，由于 1100 cm^{-1} 处 Si—OH 和 Si—O—Si 的伸缩峰较高，与 1257 cm^{-1} 处重合，无法判断 1257 cm^{-1} 的特征峰存在，但在 2350 cm^{-1} 处出现了明显的特征峰，以此证明 sulfo-SMCC 成功地与氨基结合。

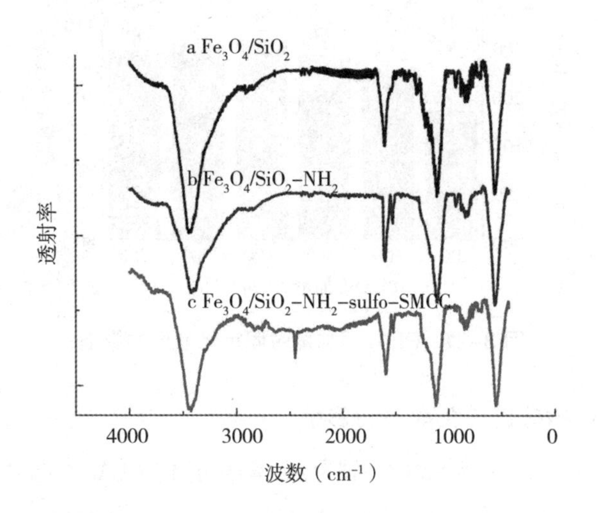

图 3-20　3 种磁性载体的 FT-IR 光谱图

第八节　PLA$_2$ 的固定化

1. PLA$_2$ 添加量对固定化效果的影响

采用 Fe_3O_4/SiO_2-NH_2-sulfo-SMCC 材料作为载体对 PLA$_2$ 进行固定化，选用不同的 PLA$_2$ 添加量，固定化 pH 为 6.8，固定化反应时间为 4 h，探究 PLA$_2$ 的添加量与固定化 PLA$_2$ 颗粒的酶活力和载酶量的关系，结果如图 3-21 所示。

由图 3-21 可知，PLA$_2$ 添加量低于 500 U/mL 时，固定化 PLA$_2$ 颗粒的活力和载酶量均随着添加量的增加而逐渐增加，因为增加酶的添加量，可使更多的酶蛋白分子有机会接触到载体表面，进而发生固定化反应，提高固载率；PLA$_2$ 添加量达到 500 U/mL 时，固定化 PLA$_2$ 颗粒的活力和载酶量均达到最大值，继续增加 PLA$_2$

的添加量，由于载体表面的结合位点有限，不能与所有添加的酶进行位点结合，因此，固定化 PLA_2 颗粒的活力逐渐下降，当可结合位点达到饱和状态或者被杂质包裹时，不能继续与游离的 PLA_2 结合。另外，继续增加酶的添加量，空间位阻增大，反而不利于载酶量的提高，酶活性中心与底物的定位和接近都会受到影响，因此酶的活性被抑制，导致载酶量和酶活下降。因此，选择 500 U/mL 为酶的最佳添加量。

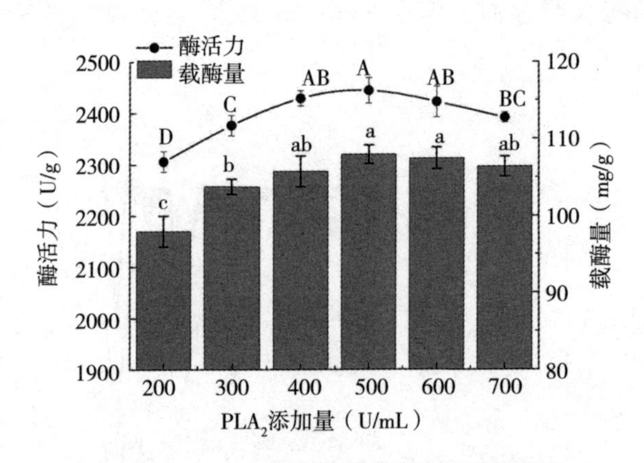

图 3-21 PLA_2 添加量对固定化效果的影响

2. pH 对 PLA_2 磁酶固定化效果的影响

以 Fe_3O_4/SiO_2–NH_2–sulfo–SMCC 作为载体固定化 PLA_2，选择不同的固定化 pH，PLA_2 的添加量为 400 U/mL，固定化反应时间 4 h，考察 pH 对磁酶颗粒的酶活力和载酶量的影响，结果如图 3-22 所示。

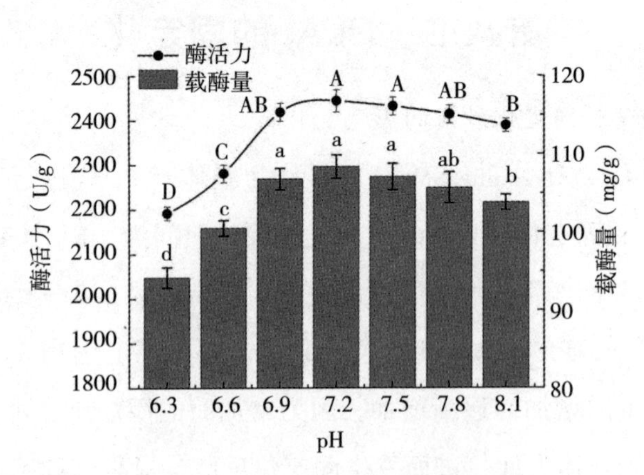

图 3-22 pH 对固定化效果的影响

由图 3–22 可以看出，固定化 PLA_2 颗粒的相对酶活力和载酶量随着 pH 的增加均呈现先增加后逐渐下降的趋势。相对活力和载酶量在 pH 为 7.2 时均达到了最大值。酶分子在固定化前的缓冲溶液中会形成一种对于 pH 状态的“记忆”，这种 pH“记忆”会严重影响到酶的催化活性，固定化的 pH 较游离酶最适 pH 偏酸或偏碱，会导致磁性 PLA_2“记忆”pH 发生变化，如果固定化酶最适 pH 较游离酶偏向碱性，那么磁性固定化 PLA_2 颗粒相对活力表现出图 3–22 这种变化趋势。酶的化学本质是蛋白质，pH 对蛋白质的结构会产生巨大的影响，主要是致使蛋白质构象发生变化，因此当 pH 剧烈变化时甚至可导致酶的变性失活，酶分子的结合位点因构象变化，与载体结合能力下降。因此，固定化 PLA_2 时，pH 应选择 7.2。

3. 固定化时间对 PLA_2 磁酶固定化效果的影响

以 Fe_3O_4/SiO_2–NH_2–sulfo–SMCC 作为载体固定化 PLA_2，选择不同的固定化反应时间，PLA_2 的添加量为 400 U/mL，固定化 pH 为 6.8，考察固定化时间对磁性固定化 PLA_2 颗粒的酶活力和载酶量的影响，试验结果如图 3–23 所示。

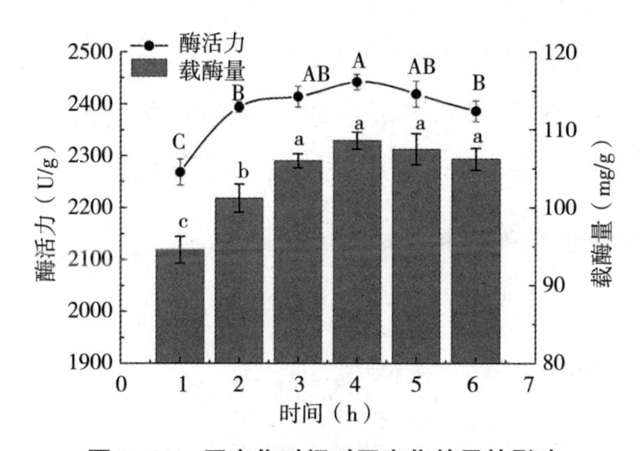

图 3–23　固定化时间对固定化效果的影响

从图 3–23 中可以发现，固定化 PLA_2 颗粒的相对酶活力和载酶量在固定化时间不断增加的情况下，均呈现出了先增加后下降的趋势。相对酶活力和载酶量在固定化时间达到 4 h 时达到了最大值，当固定化时间超过了 4 h 时，继续延长反应时间，磁酶颗粒的相对酶活力不断下降。固定化反应初始阶段，磷脂酶与载体均匀接触，负载量因时间增长而增加，酶在溶液中溶解时间较长，而酶分子的天然构象中也有水的参与，水作为直接或间接的角色与酶的非共价键进行作用，因此要想保证酶的催化活力，使酶的催化活性构象维持在一定的结构，可以加入一定量的水来增加酶分子的柔性，但 PLA_2 在水溶液中暴露时间过长，不利于酶构象的维持，反而使酶活力降低。因此，固定化 PLA_2 反应时间为 4 h 较适宜。

综上所述，确定了各单因素最佳反应条件，在单因素优化的 PLA_2 添加量 500 U/mL，反应 pH 为 7.2，反应时间 4 h 条件下，制备固定化 PLA_2，Fe_3O_4/SiO_2–NH_2–sulfo–SMCC–PLA_2 的酶活力（2440 ± 26）U/g，载酶量（109 ± 1.80）mg/g。

第九节　PLA_2 磁性固定化酶酶学性质研究

酶的最适温度、最适 pH、储藏稳定性和热稳定性等是酶学性质的主要研究内容。适宜的温度范围内，酶可以保持较高活性，可以高效催化酶与底物发生反应；反应体系的 pH 影响酶的解离程度，影响酶分子与底物的结合。本书以—SH 定向固定化的 Fe_3O_4/SiO_2–NH_2–sulfo–SMCC–PLA_2 作为主要研究对象，以游离酶为对比，对其酶学性质进行研究。

1. pH 对 PLA_2 磁酶颗粒相对活力的影响

分别将 Fe_3O_4/SiO_2–NH_2–sulfo–SMCC–PLA_2 磁酶颗粒与游离 PLA_2 在 55 ℃条件下脱胶反应 3 h，在 pH 为 3.5 ～ 7.5 的范围内，探究不同 pH 对磁酶颗粒相对活力变化的影响，结果如图 3–24 所示。

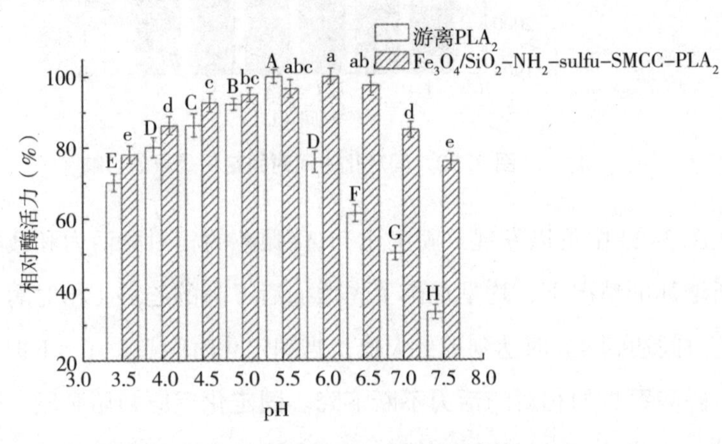

图 3–24　pH 对磁酶颗粒相对活力的影响

从图 3–24 可以看出，pH 为 5.5 时是游离 PLA$_2$ 的最适 pH，而 pH 达到 6.0 时，固定化酶相对酶活达到最大值，为其最适 pH。对比游离酶与固定化酶的最适 pH，我们可以发现固定化酶的最适 pH 向碱性偏移，这与已有的研究结论一致，且耐受 pH 的范围明显变宽。这证明固定化影响了微环境和酶分子的构象，导致最适 pH 发生变化，减弱了因溶液 pH 改变对酶蛋白构象和活性基团的影响。

2. 温度对 PLA$_2$ 磁酶颗粒相对活力的影响

分别利用 Fe_3O_4/SiO_2–NH_2–sulfo–SMCC–PLA$_2$ 磁酶颗粒与游离 PLA$_2$ 对毛油进行酶解，反应 3 h，pH 5.5，在 35 ～ 75 ℃的温度变化范围内，探究不同温度对活力变化的影响，结果如图 3–25 所示。

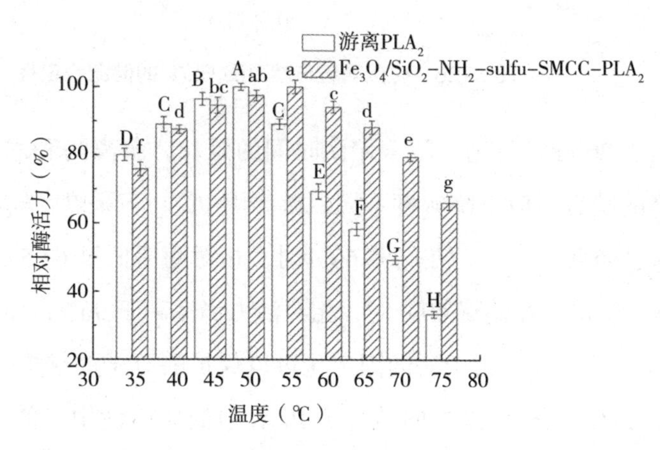

图 3–25　温度对磁酶颗粒相对活力的影响

由图 3–25 可以看出，游离 PLA$_2$ 最适温度是 50 ℃，固定化 PLA$_2$ 颗粒的最适温度为 55 ℃，酶活呈现出先升高后降低的趋势，这是因为一定范围内提高反应温度可提高底物传导速率，增强酶活力，加快反应速度，但另一方面高温会使酶发生热变性，降低酶活。固定化载体对酶蛋白有保护作用，酶蛋白分子构象也更加稳定。与游离酶进行比较，可以容易地观察到固定化酶最适温度范围更加宽，且即使在 45 ～ 65℃的较高温度范围内，相对酶活依然高于 85 %。

3. PLA$_2$ 磁酶的储藏稳定性

将游离 PLA$_2$ 和固定化酶 Fe_3O_4/SiO_2–NH_2–sulfo–SMCC–PLA$_2$ 在 4 ℃条件下储藏 60 d，每隔 10 d 对酶活力进行一次测定，并计算相对酶活力，以此考察酶的储藏稳定性。结果如图 3-26 所示。

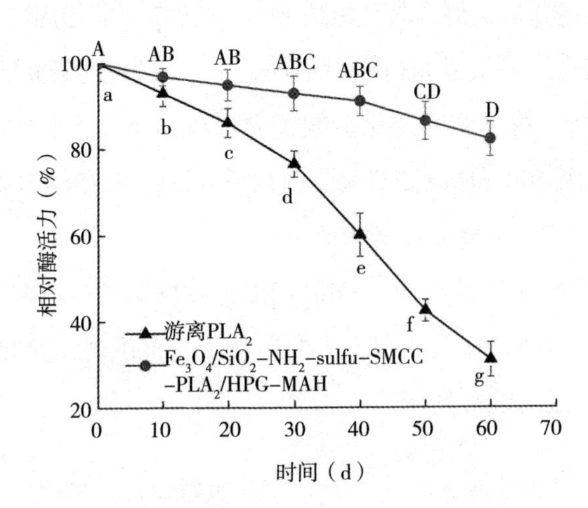

图 3-26 磁酶颗粒与游离酶 PLA_2 的储藏稳定性

由图 3-26 可以看出，随着储藏时间的延长，游离酶和固定化酶的相对活力均呈下降的趋势，但下降幅度不同。游离酶 PLA_2 下降幅度较大，在储藏 40 d 时相对酶活已经低于 80%，在储藏 60 d 时，相对酶活低至 67.5%。而固定化酶的相对酶活下降较慢，在储藏 40 d 时，相对活力仍然高于 90%，储藏 60 d 时，依然保持在 90% 以上。这是由于酶的固定化可以保护酶分子的结构，同时，Fe_3O_4/SiO_2-NH_2-sulfo-SMCC-PLA_2 是定向结合了 PLA_2 中的非活性中心的—SH 基团，将其活性中心有效保留，所以酶的相对活性在经过一段时间的贮藏后依然可维持在较高水平。

4. PLA_2 *磁酶的热稳定性*

在 60 ℃条件下，存放不同的时间，对游离 PLA_2 和固定化酶 Fe_3O_4/SiO_2-NH_2-sulfo-SMCC-PLA_2 的热稳定性进行研究，其结果如图 3-27 所示。

如图 3-27 所示，随着受热时间的延长，固定化 PLA_2 与游离 PLA_2 的活性均呈下降趋势，但固定化 PLA_2 的酶活下降趋势明显缓慢，在 150 min 时，固定化 PLA_2 依然保持高于 80% 的相对酶活力。在 270 min，游离 PLA_2 的活力低于 40%，而固定化 PLA_2 的相对酶活为 74.5%，可见，固定化 PLA_2 有较好的热稳定性。

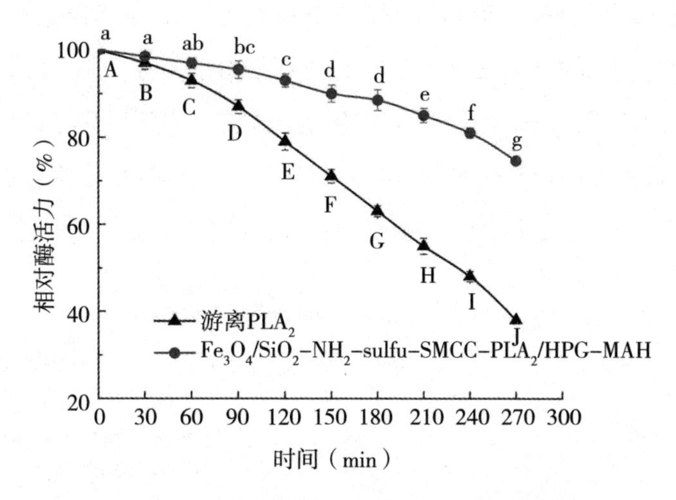

图 3-27　磁酶颗粒与游离酶 PLA$_2$ 的热稳定性

第十节　PLA$_2$ 磁性固定化酶的性能对比

由 PLA$_2$ 的活性中心研究可知，由于 PLA$_2$ 的活性中心具有—COOH 活性基团，所以，固定化位点不应选择在—COOH 上。反之，如果选择—COOH 为固定化位点，那么酶的活性必然受到影响，为了验证生物信息学的研究结果，需要将—COOH 作为固定化位点与—SH 作为固定化位点的固定化酶的性能进行对比。以—COOH 为位点进行固定化的反应如图 3-28 所示。

如图 3-28 所示，PLA$_2$ 的活性基团—COOH 先经 EDC 活化，再与 NHS 反应，生成活性酯，活性酯与载体通过氨基结合，这样就将 PLA$_2$ 通过—COOH 进行了固定化。

1. —SH 固定化 PLA$_2$ 与—COOH 固定化 PLA$_2$ 的性能对比

对—SH 固定化 PLA$_2$ 和—COOH 固定化 PLA$_2$ 的酶活性和载酶量分别进行测定，其结果如图 3-29 所示。

由图 3-29 可以看出，以 PLA$_2$ 分子的—COOH 为结合位点进行固定化，酶的负载量略高于以—SH 为结合位点的固定化，这是由于 PLA$_2$ 分子中带有—COOH 的氨基酸残基比例较高，为 12.1%，提供的固定化位点也相对较多，而带有—SH 的 Cys 占比为 11.3%；虽然—COOH 固定化 PLA$_2$ 载酶量略高，为（113 ± 2.3）mg/g，但其酶活很低，仅为（1690 ± 30）U/g，而—SH 固定化 PLA_2 虽然载酶量为（109 ± 1.8）mg/g，但其酶活达到了（2440 ± 26）U/g。这主要是由于带有—SH 的 Cys 分布在远离 PLA_2 活性中心的位置，以—SH 作为固定化结合位点，对活性中心的影响较小，而 PLA_2 活性中心氨基酸中带有较多—COOH，以—COOH 作为结合位点相当于对酶起到了钝化的作用，对酶活性的发挥起到了较大的抑制作用。

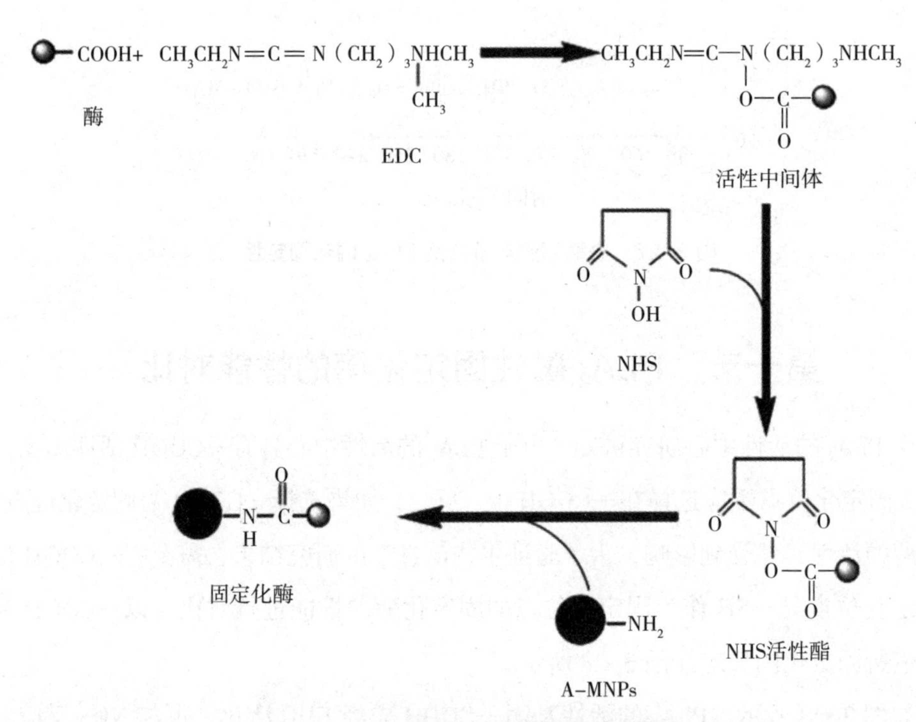

图 3-28　—COOH 固定化酶反应示意图

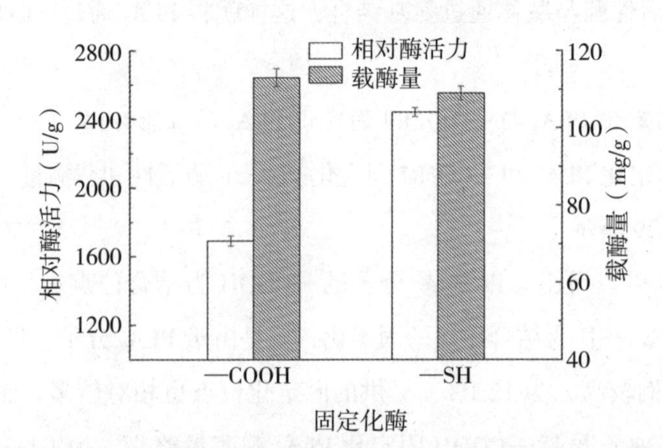

图 3-29　PLA_2 分子上不同固定化结合位点对载酶量和酶活性的影响

2. PLA_2 固定化酶的酶解反应动力学分析

向脱胶毛油中添加 PA 的浓度为 0.7 ～ 3.5 mol/L，进行酶解，通过水解前后 PA 浓度变化量计算反应速率，并计算动力学参数 K_m 与 V_{max}。对游离 PLA_2 和固定化 PLA_2 进行酶学动力学研究，其结果如图 3–30 和表 3–4 所示。

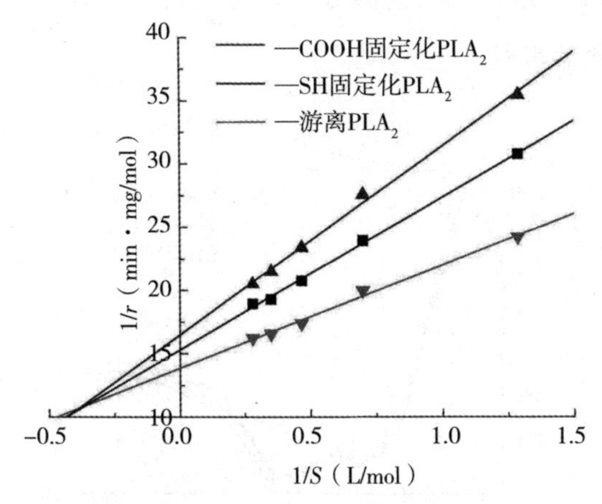

图 3–30 底物浓度与反应速率的关系

表 3–4 游离 PLA_2 与固定化 PLA_2 的酶解动力学参数

酶的种类	K_m（mol/L）	V_{max}（mol/min · mg）
游离 PLA_2	0.59	7.21×10^{-2}
—SH 固定化 PLA_2	0.79	6.53×10^{-2}
—COOH 固定化 PLA_2	0.91	6.06×10^{-2}

由图 3–30 可以看出，游离 PLA_2 和固定化 PLA_2 的酶解速率随底物摩尔浓度的增加而匀速加快，呈现线性相关。由表 3–4 可知，游离 PLA_2 的水解速率略高于固定化 PLA_2，游离 PLA_2 的米氏常数 K_m 值低于固定化酶的 K_m 值，这主要是由于固定化后，酶分子不能自由移动，导致与底物的亲和力略有降低。—SH 固定化 PLA_2 的反应速率大于—COOH 固定化 PLA_2，K_m 为 0.79 mol/L，低于—COOH 固定化 PLA_2，由此可见，其与底物的亲和力也明显好于—COOH 固定化 PLA_2。这是由于—SH 固定化 PLA_2 在固定化过程中，很好地保留了磷脂酶的活性中心氨基酸，在与底物反应时，其活性中心氨基酸更好地发挥了作用，然而，—COOH 固定化 PLA_2，由于其活性中心氨基酸上的—COOH 在固定化时与载体结合，导致在水解

过程中无法最大限度地发挥其活性，这也进一步验证了本研究中对 PLA_2 活性中心氨基酸和活性氨基酸的—COOH 为活性基团的分子对接分析结果。

3. PLA_2 固定化酶的圆二色谱分析

为从构象上考察固定化对酶的影响，本研究对游离 PLA_2、—SH 固定化 PLA_2 和—COOH 固定化 PLA_2 进行圆二色谱分析，考察其二级结构变化，结果如图 3–31 所示，各二级结构含量如表 3–5 所示。

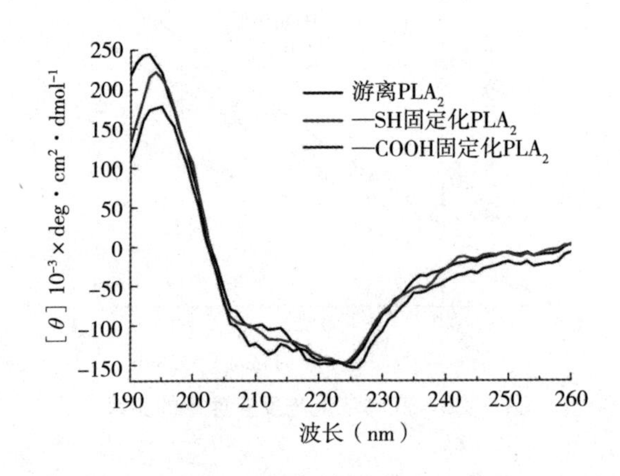

图 3–31　固定化 PLA_2 和游离 PLA_2 的圆二色图谱

由图 3–31 可看出，3 种磷脂酶 A_2 均在 190 nm 附近有一正峰，222 nm 处呈现的负凹槽，表明 α- 螺旋构象的存在；在 218 nm 附近有一负峰，在 195 ～ 198 nm 处有一正峰，证明 β- 折叠构象的存在；212 nm 处有吸收峰，表明无规卷曲的存在。通过 Yang 等人的计算方法，得到各二级结构的比例如表 3–5 所示。

表 3–5　固定化 PLA_2 和游离 PLA_2 的二级结构组成（%）

样品	α- 螺旋	β- 折叠	β- 转角	无规卷曲
游离 PLA_2	20.1	23.8	22.6	33.5
—SH 固定化 PLA_2	18.9	24.2	22.9	34.0
—COOH 固定化 PLA_2	14.1	24.7	23.1	38.1

由表 3–5 可以看出，与游离 PLA_2 相比，两种固定化酶的二级结构均发生了不同程度的改变，固定化后 α- 螺旋含量均出现了不同程度的降低，与 Qu 等人的研

究结果相一致。—SH 固定化酶的 α- 螺旋比例由 20.1% 下降为 18.9%，无规卷曲含量升高了 0.5%。而—COOH 固定化酶的 α- 螺旋下降幅度较大，减少了 6%，无规卷曲升高了 4.6%。由此可见，固定化对磷脂酶的二级结构有一定影响，α- 螺旋的比例高低与酶活性的高低成正比，这与 Debnath S 等对脂肪酶催化活性与其二级结构中 α- 螺旋比例关系的规律分析一致。—SH 固定化磷脂酶的固定化位点远离活性中心，固定化过程中，对二级结构的改变程度较小，更能保持酶的天然构象；但是—COOH 固定化酶对磷脂酶的二级结构，特别是无规卷曲的影响较大，对酶天然构象的改变更大。这也从结构上解释了—COOH 固定化 PLA$_2$ 酶活远小于—SH 固定化 PLA$_2$ 酶活的原因。

4. PLA$_2$ 固定化酶的荧光光谱分析

酶蛋白中的荧光氨基酸在 280 nm 的激发波长下，有荧光发射光谱产生，尤其是色氨酸，对于蛋白的折叠、展开更为敏感，可用来反应酶的构象变化。

利用荧光光谱对游离 PLA$_2$、—SH 固定化 PLA$_2$ 和—COOH 固定化 PLA$_2$ 进行构象分析，其结果如图 3-32 所示。

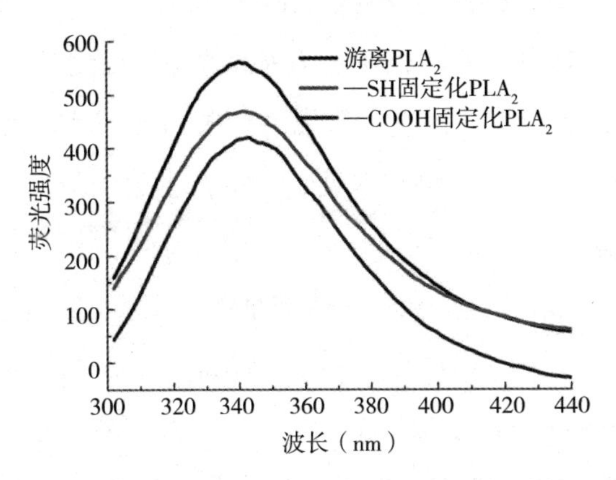

图 3-32 固定化 PLA$_2$ 和游离 PLA$_2$ 的荧光淬灭图谱

由图 3-32 可以看到，3 种酶的荧光光谱曲线趋势相似，—SH 固定化 PLA$_2$ 和—COOH 固定化 PLA$_2$ 均出现了淬灭现象，—SH 固定化的 PLA$_2$ 淬灭程度较小。相对于游离酶，—SH 固定化 PLA$_2$ 和—COOH 固定化 PLA$_2$ 均发生了不同程度的红移，—SH 固定化 PLA$_2$ 红移较小，仅为 1 nm，—COOH 固定化 PLA$_2$ 红移为 3 nm。发生红移意味着结构的变化，红移的范围受结构变化程度的影响，由此可知，—SH固定化的 PLA_2 构象变化较小，而—COOH 固定化的 PLA_2 构象变化较大，这主要是由于—COOH 位于酶的活性中心，以其为位点进行固定化的过程中，酶的构象发生改变，进而检测的荧光结果发生较大红移。这就从构象上解释了—COOH 固定化 PLA_2 活性较低的原因，也进一步验证了—SH 是最佳的 PLA_2 固定化位点的分析结果。

第十一节　PLA_2 活性中心及固定化位点的确定

1. PLA_2 催化反应机制推测

磷脂酶，作为酶法脱胶的重要催化剂，逐渐受到人们的重视。酶法脱胶研究的重点主要集中在脱胶工艺和脱胶效果影响因素上，而对脱胶过程中磷脂酶催化反应机理的研究相对较少。张康逸对 PLA_1 催化 PC 的机理进行了研究，推断出了其水解 PC 的“Ser-His-Asp”三联体催化机理。汪勇等通过对试验过程中各产物的分析，推断出不同磷脂酶水解反应的机理。国外也有相关报道，其中 Essen 和 Kubiak 等分别研究了磷脂酶催化水解 PI 和 PA 的机理。

本书以现有文献对磷脂酶活性中心氨基酸的研究及水解过程中的反应产物为切入点，对酶与底物作用的机制进行推测。在 PLA_2 水解 PA 过程中，His48 和 Asp99 发挥了关键作用，这一推测与本研究中分子对接的结论相一致。分子对接发现了活性中心氨基酸为 Gly30、His48、Asp49 和 Asp99，其中，His48 和 Asp99 与机制分析中出现的氨基酸完全一致。本研究推测在反应过程中，底物依靠氢键作用吸附于酶的表面，Ca^{2+} 在随后的过程中起到关键作用，Ca^{2+} 对 Sn-2 位的羰基氧起到极化作用，这与 Scott D L 的研究结果相一致。水分子在此后也参与到了反应中，水分子中的氧进攻配体的羰基碳正离子，形成不稳定的具有较高能量的四元环中间体，高能中间体的氢键断裂，释放出溶血磷脂。此后的 PLA_2 活性中心与水分子结合，形成了新的四元环中间体，为了降低能量，释放脂肪酸，最终体系达到稳定状态，重新生成游离态 Ca^{2+} 和“His-Asp”二元聚合体，如此反复，进入下一轮反应。在这一过程中，完成了 2 位酰基的脂肪酸释放，也就是完成了磷脂的水解，达到了脱胶的目的。

2. 利用生物信息学研究 PLA_2 的活性中心

酶活性中心的分析方法较多，常用的是化学修饰法和动力学分析法，但这两种方法只能推断酶活性部位氨基酸残基的数目，如果需要进一步得到活性中心的空间结构信息，则需要采用 X 射线衍射法。X 射线衍射法在研究酶活性中心空间构象时，通常是将酶与底物类似物形成复合物，再进行 X 射线衍射分析，最终得到酶活性中心构象和氨基酸组成等信息。这一过程需要将复合物作为分析对象，复合物的形成效果受反应条件的影响较大，分析的结果与试验人员的操作经验也有一定关系，此外，X 射线衍射需要酶以单晶体的形式进行检测，对单晶体酶制备的要求较高。因此，为了降低人为干扰因素，并减少烦琐的实验与检测环节，本书利用生物信息学对磷脂酶的活性中心进行研究。

生物信息学是一个代表生物学、计算机和数学的综合的新兴学科，其实质是分析、解读核酸和蛋白质序列中所表达的结构与功能的生物信息。分子对接技术作为读取与分析这一系列信息的重要手段，也逐渐得到了广泛应用。

配体与受体相互作用的“锁—钥学说”是分子对接的理论基础，主要模拟小分子配体与生物大分子受体的相互作用。配体与受体通过静电作用、氢键作用、疏水作用、范德华等相互作用，对分子及其作用位点进行识别。分子对接是通过理论计算，预测两者间的结合模式和亲和力，从而进行两者结合位点的筛选。该技术在医药与生物领域应用较多，在食品领域的应用，主要集中于脂肪酶的分子对接等方面的研究。但对于将磷脂酶与配体进行分子对接，以此指导磷脂酶的定向固定化，并未见到相关报道。

由于磷脂结构较为复杂，PC、PE、PI、PA 等底物均参与酶法脱胶反应，如果以多种配体均作为研究对象，将是一个长期、繁杂的工作。所以，为了达到便捷、准确地表述酶法脱胶反应过程中酶与磷脂作用的目的，本研究分别选择水化磷脂中含量最高的 PC 为 PLC 的配体、非水化磷脂中含量最高的 PA 为 PLA_2 的配体进行分子对接研究。

在对 PLA_2 与 PA 分子对接的过程中，发现了 PLA_2 水解 PA 的过程中活性中心的氨基酸有 Gly30、His48、Asp49 和 Asp99，这些氨基酸在对 PA 水解的过程中发挥了关键作用，这与 Pan Y H 的研究相一致。结合蛋白质序列分析，得到了活性氨基酸所占总氨基酸的比例，确定了其中的活性基团。其中，Asp49 和 Asp99 氨基酸残基中的—COOH 为活性基团，这一发现可以为 PLA_2 的定向固定化提供理论依据。

第十二节　PLA_2 固定化研究的讨论

根据 PLA_2 与配体分子对接的结果，活性中心氨基酸上带有的活性基团为—COOH，为了保留酶的活性，在固定化过程中，应避免将氨基酸上的—COOH 与载体反应，因此考虑固定化载体与酶分子中含量较高的非活性中心氨基酸上的活性基团—SH 或—OH 连接。这样，可以将氨基酸上的—COOH 暴露出来，在后续与 PA 的反应过程中更易发挥酶的活性。通过 Rasmol 软件对 PLA_2 的三级结构进行分析，得到了其氨基酸残基的分布情况。带有—OH 的 Ser、Thr 和 Try 氨基酸残基的分布比较广泛，可以为固定化提供大量结合位点，但是，由于在活性中心附近也分布了大量带有—OH 的 Ser、Thr 和 Try，如果其将其作为定向固定化结合位点，很有可能会影响固定化酶的活性。因此，分别对带有—SH 的 Cys 残基和带有 ε-NH_2 的 Lys 残基的分布情况进行研究，发现 Cys 和 Lys 的分布均远离酶的活性中心，对比两种氨基酸的含量发现，Cys 占比 11.3%，高于 Lys 的 7.3%，所以将 Cys 作为定向固定化位点，既可以提供较多的位点，又对酶活性的影响最小。因此，最终选择 Cys 的—SH 作为定向固定化 PLA_2 的结合位点。

磷脂酶是一类可以对磷脂进行水解的酶，在油脂脱胶过程中，可以利用磷脂酶对油脂中混有的磷脂进行水解，使之脱去亲油官能团，与水结合并且形成较大胶团，进而从油脂中离心分离，以此达到了利用酶法进行脱胶的目的。但利用游离酶进行脱胶，无法做到回收再利用价格高昂的磷脂酶，企业生产成本较高，所以，固定化磷脂酶应运而生。固定化磷脂酶不仅可以使酶回收并多次利用，同时可以提高酶分子对环境的适应能力。近年来，由于磁性载体有其独特的优势，越来越多地被人们所关注。所以，磁性固定化磷脂酶是满足行业需要的必然产物。

定向固定化可以将酶以指定的位点与载体进行固定化，酶活性位点暴露在外侧，这更有利于保留酶的催化活性，提高了底物与酶活性中心氨基酸接触的概率，固定化酶的活性显著提高。定向固定化的诸多方法在前文中已经述及，本书利用分子对接技术确定固定化位点，采用共价结合法，从而有指导性地定向固定化磷脂酶。

定向固定化技术通过酶蛋白上的特定位点与载体某些官能团结合，如果酶蛋白上的作用位点远离催化活性中心，就可使底物充分接近活性中心。为了达到这一效果，对修饰载体的官能团的选择就显得尤为重要，许多复杂的功能化修饰都有—NH_2、—SH、—CHO 及—COOH 等官能团参与其中。由于本研究中已经探明 PLA_2 的最佳固定化位点为—SH，所以，定向固定化过程应考虑将载体与 Cys 上的—SH 相连接，与—SH 可以直接共价结合的基团为马来酰亚胺基。Alireza Rezania 早在 1999 就提出了利用马来酰亚胺基试剂——4-（*N*-马来酰亚胺甲基）环己烷-1-羧酸磺酸基琥珀酰亚胺酯钠（Sulfo-SMCC）作为交联剂，将特定蛋白上的—SH 固定在氨基载体上的方法。Sulfo-SMCC 是较为常用的带有马来酰亚胺基的交联剂，其一端与酶分子上的—SH 连接，另一端与载体上的—NH_2 相连，所以本研究对 PLA_2 的固定化载体进行了氨基修饰，并将 Sulfo-SMCC 接入氨基载体，同时进行表征。

本研究制备了 Fe_3O_4/SiO_2 载体、Fe_3O_4/SiO_2-NH_2 氨基载体和经活化的 Fe_3O_4/SiO_2-NH_2-Sulfo-SMCC 氨基载体。通过 SEM、粒径分布、磁强度、傅里叶红外、XRD 等对 3 种载体进行表征分析，3 种磁性载体基本成球形，载体的表面均具有一定粗糙度，这样可以增加比表面积，为酶提供了较好的负载环境。3 种载体均具有顺磁性，其磁强度从大到小依次为：$Fe_3O_4/SiO_2 > Fe_3O_4/SiO_2-NH_2 > Fe_3O_4/SiO_2-NH_2$-Sulfo-SMCC。而经对比发现，这一结论与其平均粒径大小成反比，这与 Corr S A 等人的研究结果相一致。这是因为，虽然 3 种载体有着相同种类和相同大小的磁芯，即 Fe_3O_4，但在其磁芯外所包覆的物质厚度有所区别，在包覆 SiO_2 的基础上，另外两种载体还包覆了不同来源的氨基基团，所以导致 3 种载体的粒径不同，平均粒径越大，磁芯距离外表面的距离越大，磁性相对较弱。所以，最终导致比饱和磁强度的大小与平均粒径的大小成反比。由 XRD 谱图中的衍射峰与粉末衍射 PDF 卡的标准数据的对比以及红外吸收峰的对比，也进一步证明了载体中 Fe_3O_4 纳米粒子和 SiO_2 的存在。同时，在红外检测中，可以发现 Si—O—Si 键的存在，在两种氨基载体中证实了氨基的存在。最终由一系列表征分析，证明了合成的磁性载体具有较好的稳定性，并且氨基基团修饰成功。

以 PLA_2 上的—SH 为固定化位点，以氨基载体为固定化载体，具有较好的固定化效果，将极大地保留活性中心氨基酸，这一结论是根据分子对接等一系列模拟方法分析得出的，需要进一步试验验证。本研究发现，—SH 固定化 PLA_2 的酶活力高于 2400 U/g，如计算其酶活回收率，酶活回收率（固定化酶活力 / 游离酶活力 ×100%）高于 95%，远高于张佳宁等随机固定化 PLA_2 的 74.8% 的酶活回收率。与此同时，PLA_2 的活性中心氨基酸携带大量活性基团—COOH，本研究以活性基团—COOH 被固定化的 PLA_2 作为对比进行研究。酶的—COOH 固定化机制如图 3–33 所示。

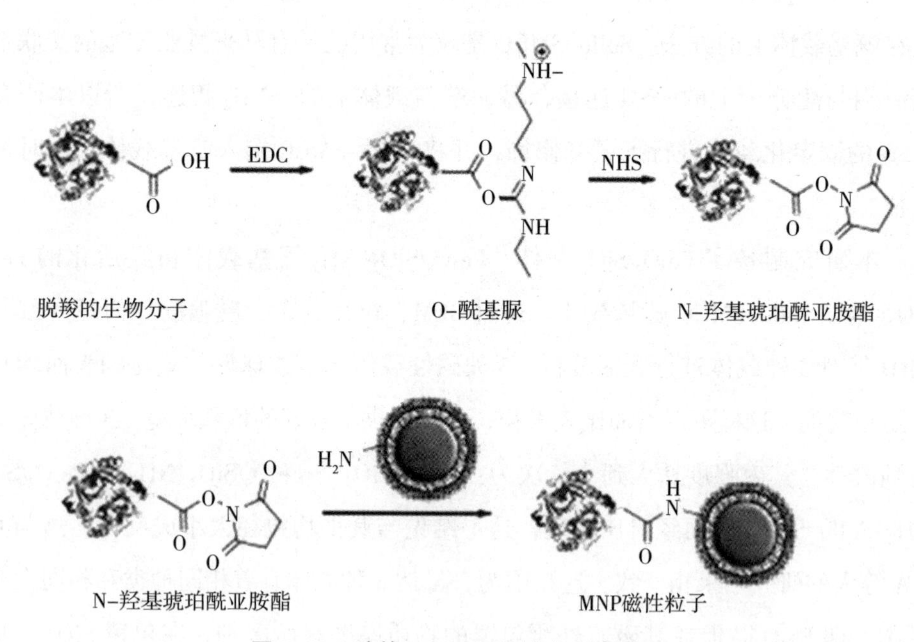

图 3–33　酶的—COOH 固定化示意图

如图 3–33 所示，本研究引入了酶的羧基活化剂 EDC 和 NHS，EDC 和 NHS 在酶固定化研究中是重要的活化剂。在这一过程中，EDC 先与酶形成活性中间体，中间体再与 NHS 反应形成酯，活性酯再与载体的—NH_2 在一定条件下结合，最终将酶分子中的—COOH 与载体上的—NH_2 成功地定向固定。

由于活性基团—COOH 大量分布在 PLA_2 的活性中心，理论上，对带有—COOH

的氨基酸进行固定化将影响固定化酶的活性。在酶活性的对比试验中，—SH固定化PLA_2的酶活性为（2440±26）U/g，而具有更高载酶量的—COOH固定化PLA_2的酶活性仅为（1690±30）U/g，由此可见，选择—COOH为固定化位点，酶的活力不能完全发挥，受到很大影响。此外，在酶动力学的研究中，发现—SH固定化酶的K_m远小于—COOH固定化酶，这说明—SH固定化酶对底物有更好的亲和性，这与—SH固定化酶的活性中心氨基酸在固定化后被暴露在外有较大关系。通过对两种固定化酶进行荧光光谱分析，从构象上发现—COOH固定化酶在固定化后发生了较大变化，这也是其活性无法得到很好发挥的重要原因。圆二色谱进行的二级结构分析表明，与游离PLA_2相比，—SH固定化酶二级结构变化较小，而—COOH固定化酶的α-螺旋比例明显降低，螺旋打开，更多地转变为无规卷曲结构，其二级结构变化较大。综合以上研究，都验证了"—SH为固定化位点，保留酶活性中心，有利于PLA_2活性发挥"研究结果的正确性。

利用游离的PLA_2水解PA，推断其水解过程为"His-Asp"二元聚合体反应，发挥作用的氨基酸主要为His48和Asp99。将PLA_2与PA进行分子对接，发现PLA_2催化水解PA的活性中心氨基酸为Gly30、His48、Asp49和Asp99，—COOH为活性中心氨基酸的活性基团。结合PLA_2的一级结构及三维构象分析，获得PLA_2的氨基酸组成以及带有—OH、ε-NH_2和—SH的氨基酸残基分布，发现带有—SH的Cys远离活性中心，—SH为理想的固定化结合位点。

依据PLA_2中Cys上—SH的特性，对制备的Fe_3O_4/SiO_2进行氨基修饰，制备出sulfo-SMCC活化的载体。通过FT-IR、振动磁强计、光谱激光粒度分析仪和XRD等进行表征，发现Fe_3O_4/SiO_2-NH_2-sulfo-SMCC是经sulfo-SMCC活化的氨基磁性纳米载体。将游离PLA_2固定到上述载体上，制得了固定化酶Fe_3O_4/SiO_2-NH_2-sulfo-SMCC-PLA_2。将PLA_2活性中心的活性基团—COOH修饰成NHS活性酯，并与Fe_3O_4/SiO_2-NH_2进行定向固定化，发现其固定化酶的载酶量高于—SH固定化酶，但酶活较低，验证了生物信息学分析的—SH为理想的固定化结合位点的结果，该位点进行的固定化是定向固定化。

第四章
PLC 的活性中心特性及固定化

由对脱胶方法的研究确定，利用 PLA_2 与 PLC 进行多效脱胶效果明显，所以本研究将利用蛋白质数据库（PDB）资源，对 PLC（1AH7）进行生物信息学分析，选择适合的底物，推测 PLC 对其的水解反应机理。结合生物信息学，将 PLC 与配体进行分子对接，确定反应过程中酶的活性中心。通过对非活性中心氨基酸残基分布情况的分析，确定 PLC 固定化的结合位点，为酶的定向固定化提供理论依据和重要指导。为了更大限度地发挥固定化酶的活性，在固定化过程中将活性中心暴露出来，本研究将对磁性载体进行修饰，将酶分子上的非活性中心氨基酸定向地固定在磁性载体上，并将 PLC 活性中心氨基酸作为固定化位点进行对比研究，对分子对接模拟的结论进行验证，最终获得高活性可重复利用的磁性固定化 PLC，为酶法连续多效脱胶提供保障。

第一节　PLC 的活性中心特性及固定化的方法

1. PLC 的分子对接与氨基酸残基分布分析

配体处理方法、受体处理方法、Autogrid 处理与 Autodock 运算方法、PLC 氨基酸残基分布分析方法，前文已述。

2. Fe_3O_4/SiO_2 的 HPG 活化

取 Fe_3O_4/SiO_2 颗粒 100 g 与 30 μL CH_3OK 溶液和 2.5 mL 二甲基酰胺置于烧瓶中，在 50 ℃下 100 r/min 搅拌反应 1 h，去除甲醇后加入 10 mL 无水二氧六环，95 ℃加热。缓慢向烧瓶中滴加缩水甘油 2.0 g，再反应 2 h，加入甲醇分散，磁分离，用甲醇反复冲洗。得到固体物质在真空干燥箱中烘干 12 h，备用。

3. Fe_3O_4/SiO_2/HPG 的羧基修饰

将 100 mg Fe_3O_4/SiO_2/HPG 加入三口烧瓶中，再加入 100 mg 三乙胺和 10 mL 二

甲基甲酰胺，加入一定量的酸酐（丁二酸酐 SA/ 顺丁烯二酸酐 MAH），混合液在水浴中加热到一定温度，100 r/min 下搅拌反应一段时间，整个反应在氮气氛围下操作。最后进行磁分离，并用甲醇冲洗 3 次。固体物质在真空干燥箱中干燥 12 h，得到 Fe_3O_4/SiO_2/HPG-COOH 载体，备用。

（1）反应时间对羧基修饰效果的影响。

加入 SA/MAH 试剂 70 mL，反应温度设为 75 ℃，反应时间分别为 3.0 h、3.5 h、4.0 h、4.5 h、5.0 h、5.5 h、6.0 h 和 6.5 h。分离、干燥后进行羧基含量的检测。

（2）反应温度对羧基修饰效果的影响。

加入SA/MAH试剂70 mL，反应时间4 h，SA反应温度分别为45 ℃、50 ℃、55 ℃、60 ℃、65 ℃、70 ℃和 75 ℃，MAH 反应温度分别为 65 ℃、70 ℃、75 ℃、80 ℃、85 ℃、90 ℃和 95 ℃。分离、干燥后进行羧基含量的检测。

（3）SA/MAH 添加量对羧基修饰效果的影响。

反应温度设为 75 ℃，反应时间 4 h，SA/MAH 添加量分别为 40 mL、50 mL、60 mL、70 mL、80 mL、90 mL 和 100 mL。分离、干燥后进行羧基含量的检测。

4. Fe_3O_4/SiO_2/HPG-COOH 载体羧基含量的测定

准确称量 200 mg 的 Fe_3O_4/SiO_2/HPG-COOH 载体，分散在去离子水中，滴加酚酞，用 0.2 mol/L 的 NaOH 进行滴定，记录消耗 NaOH 的体积，计算羧基含量。

$$\text{羧基含量（mmol/g）}=\frac{0.2\,(V_2-V_1)}{0.2}$$

其中，V_2 与 V_1 分别代表反应前后 NaOH 的体积。

5. 磁性载体的结构与表征

扫描电镜（SEM）分析方法、粒径分析方法、磁性能分析方法、X 射线衍射分析方法、傅里叶红外光谱分析方法，前文已述。

6. Fe_3O_4/SiO_2/HPG-COOH-PLC 定向固定化酶的制备

将 Fe_3O_4/SiO_2/HPG-COOH 载体 1 g 在 50 mL 的磷酸缓冲液中浸泡 24 h，磁分离后，缓慢加入一定量的 EDC 活化剂，50 ℃下 50 r/min 搅拌 2 h。再向其中加入一定量的

PLC 的磷酸缓冲液中，随后以 50 r/min 的速度在一定温度下进行搅拌，反应一段时间后进行磁分离，同时使用磷酸缓冲溶液对样品进行冲洗，得到的固定化酶保存在 4 ℃条件下。

（1）PLC 与 EDC 摩尔比对固定化效果的影响。

以 Fe_3O_4/SiO_2/HPG-COOH 作为载体，在反应温度 40℃，PLC 添加量 400 U/mL，PLC 与 EDC 摩尔比分别为 1 ∶ 1、1 ∶ 10、1 ∶ 20、1 ∶ 50、1 ∶ 100 的条件下，反应 4 h。考察 PLC 与 EDC 摩尔比对固定化酶的活力和载酶量的影响。

（2）PLC 添加量对固定化效果的影响。

以 Fe_3O_4/SiO_2/HPG-COOH 作为载体，在反应温度 40℃，PLC 与 EDC 摩尔比 1 ∶ 20，PLC 添加量分别为 200 U/mL、300 U/mL、400 U/mL、500 U/mL、600 U/mL、700 U/mL 和 800 U/mL 的条件下，反应 4h。考察 PLC 添加量对固定化酶的活力和载酶量的影响。

（3）温度对 PLC 固定化效果的影响。

以 Fe_3O_4/SiO_2/HPG-COOH 作为载体，PLC 与 EDC 摩尔比 1 ∶ 20，PLC 添加量为 500 U/mL，反应温度分别为 35 ℃、40 ℃、45 ℃、50 ℃、55 ℃和 60 ℃的条件下，反应 4 h。考察固定化温度对固定化酶的活力和载酶量的影响。

（4）固定化时间对 PLC 固定化效果的影响。

以 Fe_3O_4/SiO_2/HPG-COOH 作为载体，PLC 与 EDC 摩尔比 1 ∶ 20，PLC 添加量为 500 U/mL，反应温度为 40℃的条件下，反应时间分别为 2 h、3 h、4 h、5 h、6 h、7 h 和 8 h。考察固定化时间对固定化酶的活力和载酶量的影响。

7. pH 对酶活力的影响

分别选用磁性固定化 PLC 和游离 PLC，对 100 g 毛油进行脱胶反应 2 h，在 60 ℃条件下，在 pH 4 ～ 8 的范围分别进行试验，测定游离酶和固定化酶的酶活力。

8. 反应温度对酶活力的影响

分别选用磁性固定化 PLC 和游离 PLC，对 100 g 毛油进行脱胶反应 2 h，在 pH 为 7.0 条件时，在 40 ～ 80 ℃的范围分别进行试验，测定游离酶和固定化酶的酶活力。

9. 固定化酶的储藏稳定性试验

将游离 PLC、固定化的 PLC 在 4 ℃条件下储藏 60 d，每隔 10 d 对酶活力进行一次测定，并计算相对酶活力，以此考察酶的储藏稳定性。

10. 固定化酶的热稳定性试验

分别称取一定量的游离 PLA_2 及固定化 PLA_2，用磷酸盐缓冲液调节体系的 pH 为 6.0，保持在 60 ℃水浴下 270 min，并每隔 30 min 取一定样品，测定相对活力，研究长时间加热对 PLA_2 相对活力的影响。

11. PLC 酶解反应动力学

向脱胶毛油中添加浓度为 0.7 ～ 3.5 mol/L 的 PC 进行酶解，游离 PLC 添加量 60 mg/kg，3 种固定化 PLC 的添加量均为 0.10 g/kg，热水加入量为 20 mL/kg，在 pH 为 7.5，温度为 55 ℃的条件下，80 r/min 搅拌，通过水解前后 PC 浓度变化量计算反应速率，并计算动力学参数 K_m 与 V_{max}。

12. 统计与分析

所有试验均重复 3 次，试验结果取平均值和标准误差值，采用 Origin 8.5 统计分析软件进行基础数据整理、分析与作图。单因素的方差使用 SPSS 16.0 软件进行分析，数据的差异显著性采用 Ducan（$P < 0.05$）进行检验。

第二节 PLC 催化反应机制

PLC 与底物的反应主要是酶的活性中心参与的水解反应过程，对 PLC 与底物反应机理的推测有助于酶活性中心的分析，也有利于对其定向固定化进行指导。首先要确定酶的亚类信息并对反应底物进行选择，再依据已有报道与前期试验产物来推测 PLC 对相应底物的催化反应机理。

1. PLC 的氨基酸序列

从蛋白质数据库（PDB）下载图 4-1（彩图见附录图 7）所示有效的 PLC 的 3D 结构，PDB ID:1AH7，（来源蜡状芽孢杆菌），其对磷脂的特异性水解已有相关报道。

从蛋白质数据库（PDB）中导出其氨基酸组成与序列进行整理，如表 4-1 所示。

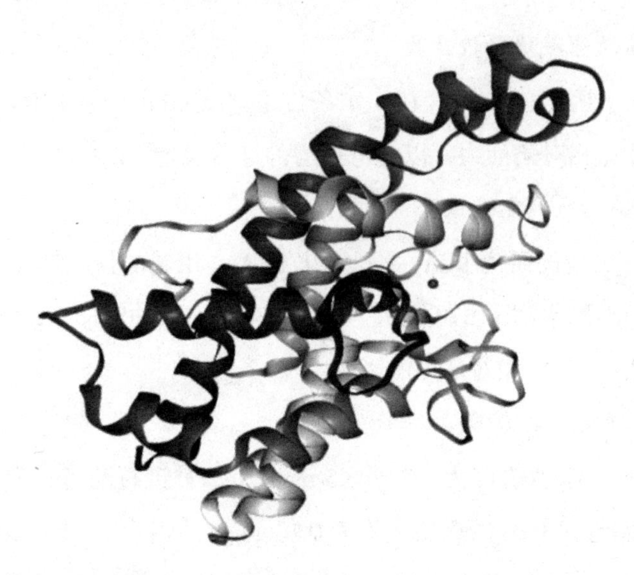

图 4–1　PLC（1AH7）的 3D 结构

表 4–1　PLC（1AH7）的氨基酸序列

序号	氨基酸
1 ～ 30	W S A E D K H K E G V N S H L W I V N R A I D I M S R N T T
31 ～ 60	L V K Q D R V A Q L N E W R T E L E N G I Y A A D Y E N P Y
61 ～ 90	Y D N S T F A S H F Y D P D N G K T Y I P F A K Q A K E T G
91 ～ 120	A K Y F K L A G E S Y K N K D M K Q A F F Y L G L S L H Y L
121 ～ 150	G D V N Q P M H A A N F T N L S Y P Q G F H S K Y E N F V D
151 ～ 180	T I K D N Y K V T D G N G Y W N W K G T N P E E W I H G A A
181 ～ 210	V V A K Q D Y S G I V N D N T K D W F V K A A V S Q E Y A D
211 ～ 240	K W R A E V T P M T G K R L M D A Q R V T A G Y I Q L W F D
241 ～ 245	T Y G D R

由表 4–1 可知，PLC（1AH7）由多种氨基酸组成，其中 Asp、Glu 和 Lys 等氨基酸含量均较高。

2. PLC 水解反应底物的选择

PLC 可以水解的磷脂类型主要为水化磷脂——PC 和 PI，考虑到在大豆粗磷脂中 PC 含量比 PI 更高，接近粗磷脂含量的 50%，所以，选择 PC 为 PLC 水解反应的底物进行研究。

PC 是一种两性分子，由亲水的头部和疏水的尾部组成，也称卵磷脂。由于 PC 具体结构种类较多，选择比较常见的 Sn–1–C18:0/Sn–2–C18:1–PC 为底物进行研究。其 3D 结构如图 4–2 所示。

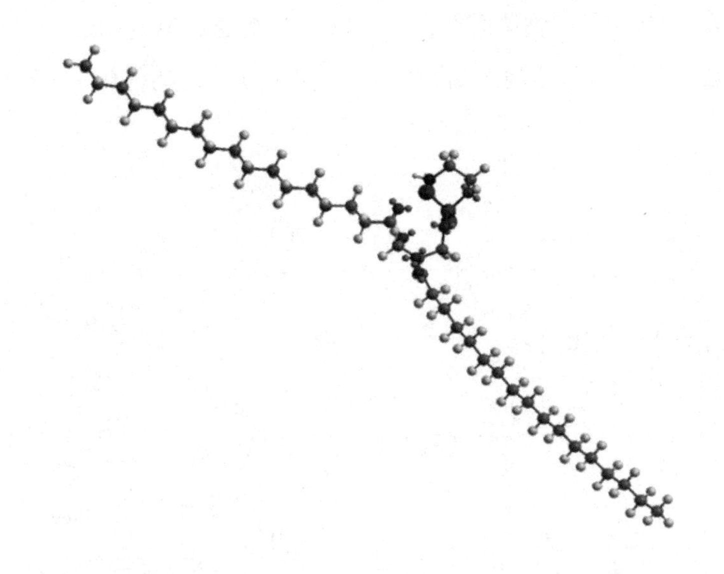

图 4–2　磷脂酰胆碱（Sn–1–C18:0/Sn–2–C18:1–PC）的 3D 结构

3. PLC 催化水解 PC 反应机制的推测

Ikeda K 等对相同亚类 PLC（1AH7）的活性中心进行了研究，以磷酸复合体为底物对其进行水解，发现了 Asp55、His69、His118、Asp122、His128、His142 和 Glu146 7 个氨基酸为反应过程中的活性中心氨基酸。这为研究 PLC 水解 PC 的机理推测提供了有力的依据。PLC 水解 PC 的产物主要为甘油二酯和磷酸胆碱，且 PLC 在水解过程中可以多次水解大量底物 PC，所以其一定具有接近“底物—反应—分别释放甘油二酯和磷酸胆碱—重新键合”的过程。同时，考虑到活性氨基酸中 Asp55、His69 和 Glu146 在反应过程中形成氢键并起到关键作用，其类似于脂肪酶的“Ser–His–Asp”三联体结构，本研究对以“Glu–His–Asp”三联体为活性中心的 PLC 水解 PC，生成甘油二酯和磷酸胆碱的机制进行分析。

PLC 活性中心“Glu–His–Asp”三联体通过氢键相连，当底物 PC 与 PLC 相接处时，PC 中的磷酸酰基通过疏水作用力吸附到 PLC 的活性中心；“Glu–His–Asp”中 Asp 上面的羧基氧孤对电子进攻磷离子形成四元环中间体，这种中间体因具有较高的能量，其呈不稳定状态。由于状态不稳定，Asp 和三联体之间的氢键断裂，释放产物甘油二酯和 Asp 酰基磷酸胆碱；活性中心上的 Asp 酰基磷酸胆碱在水分子的参与下重新形成新的处于不稳定高能状态的四元环中间体；通过“Glu–His–Asp”三联体释放出另一个水解产物磷酸胆碱，三联体重新通过氢键相连，体系能量降至最低，趋于稳定。随后等待与新的 PC 接触，进入新一轮的催化水解反应。详细过程见图 4–3。

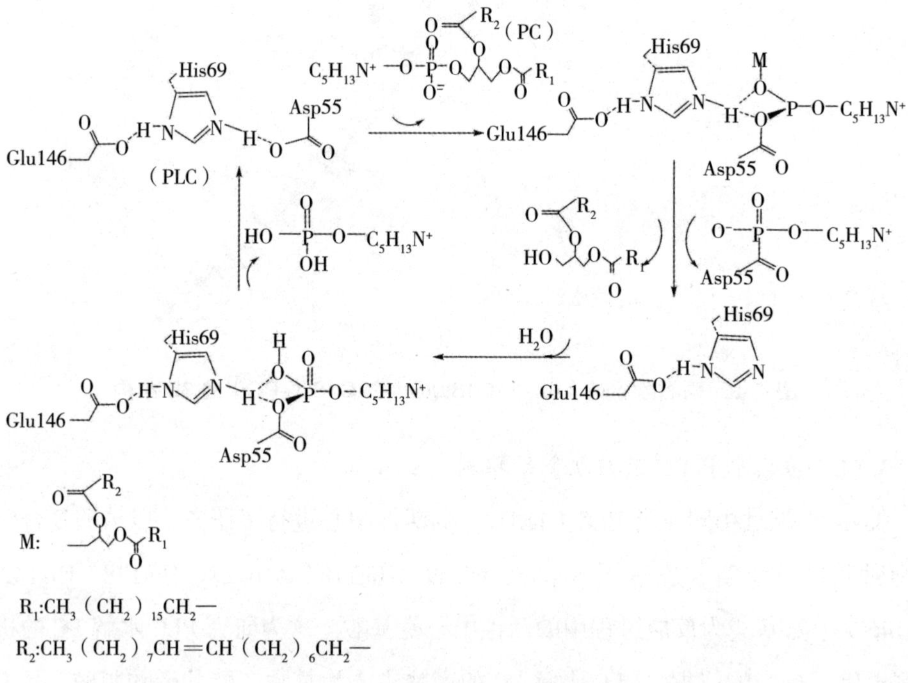

图 4–3 PLC 催化水解 PC 反应机制

第三节 利用分子对接技术研究 PLC 的活性中心

PLC 水解底物 PC 过程中的“Glu–His–Asp”三联体反应机制是通过前人报道结合实验产物种类进行分析的结果，分子对接可以从模拟角度将该反应过程重现，以此验证反应机理的推测结果。同时，通过分子对接分析 PLC 的活性中心氨基酸和活性基团，为定向固定化提供依据。

以 PLC（1AH7）为蛋白受体，以 PC（Sn–1–C18:0/Sn–2–C18:1–PC）为配体，

进行分子对接，对接结果如图 4–4（彩图见附录图 8）和图 4–5（彩图见附录图 9）所示。

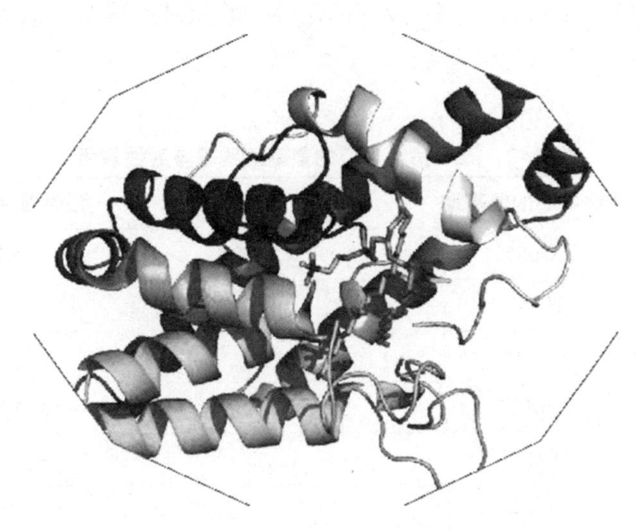

图 4–4　PLC 与配体对接（全景图）

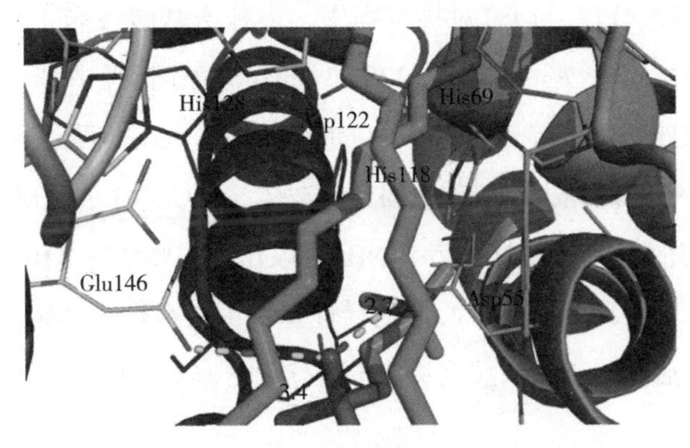

图 4–5　PLC 与配体对接（局部放大图）

由图 4–4 和图 4–5 可以看出，PC 和 PLC 很好地进行了对接。在分子对接过程中，多种氨基酸参与了与配体的作用，Asp55、His69、His118、Asp122、His128 和 Glu146 位于活性中心，且在反应过程中发挥了关键作用，其中 Asp55、His69 和 Glu146 与 PLC 水解 PC 的水解机理推测中的氨基酸残基相一致。配体通过与 PLC 上的 His118、Asp122 和 His128 的疏水作用吸附在 PLC 上，Asp55 和 Glu146 均与磷酸基团氧原子上的孤对电子形成氢键，键长分别为 2.7 Å 和 3.4 Å。Asp55、His69 和 Glu146 3 个活性中心氨基酸与 PLC 对 PC 的水解机制分析中的氨基酸相一致。在 PC 和 PLC 的对接过程中，结合自由能为 -2.17 kcal/mol。

由分子对接得到的 PLC 与 PC 反应的活性中心氨基酸残基及活性基团如表 4-2 所示。

表 4-2　PLC 活性中心的氨基酸残基与活性基团

活性中心的氨基酸	活性基团
Asp55	—COOH
His69	—
His118	—
Asp122	—COOH
His128	—
Glu146	—COOH

由表 4-2 可知，PLC 与 PC 对接过程中，多种氨基酸参与了与配体的作用，Asp55、His69、His118、Asp122、His128 和 Glu146 位于活性中心。Asp55、Asp122 和 Glu146 氨基酸残基中带有活性基团—COOH，所以，在对该酶进行固定化过程中，为了尽可能保留酶的活性，应将避免固定化载体与—COOH 的反应，应将—COOH 暴露在外，以保留酶活。—OH 或者 ε-NH_2 可以作为主要活性基团供固定化选择，为了进一步确定哪一种非活性中心上的活性基团更适合作为固定化的结合位点，需要对 PLC 的非活性中心氨基酸残基分布进行研究。

第四节　PLC 非活性中心氨基酸残基分布的研究

在酶的共价固定化过程中，除了氨基酸的活性基团的含量会对固定化酶的活性产生影响外，带有活性基团的氨基酸在酶分子中的空间分布对固定化酶活性的影响更大。因此，需要对 PLC 的三维构象进行研究，分析其非活性中心氨基酸残基的分布，以期获得更好的固定化效果。

1. PLC 中带活性基团氨基酸残基比例分析

固定化过程中，酶的活性基团可以提供固定化位点，活性基团的数量多少也决定了固定化位点的多少，也可以在一定程度上提高其与载体键合的概率，提高载酶量，所以有必要对带有活性基团的氨基酸残基比例先进行分析。通过 PLC 的氨基酸序列，查找出其中带有 ε-NH_2、—COOH、—OH 及—SH 等活性基团及对应的氨基酸残基，具体情况如表 4-3 所示。

表 4-3 PLC 的氨基酸活性基团及残基占比

活性基团	AA 残基	残基个数	占比（%）
ε-NH_2	赖氨酸 Lys	20	8.2
—COOH	天冬氨酸 Asp	19	13.1
	谷氨酸 Glu	13	
—OH	丝氨酸 Ser	11	18.0
	苏氨酸 Thr	15	
	酪氨酸 Tyr	18	
—SH	半胱氨酸 Cys	0	0

由表 4-3 可以看出，在 PLC 的氨基酸残基中存在着 ε-NH_2、—COOH 及—OH 等活性基团，但没有—SH 的存在。其中，带有—OH 的氨基酸残基（Ser、Thr、Tyr）占比最高，达到 18.0%，带有—COOH 的氨基酸残基（Asp、Glu）占比 13.1%，带有 ε-NH_2 的氨基酸残基（Lys）占比为 8.2%。由于该晶型的 PLC 中不存在—SH，所以无法对带有—SH 的氨基酸残基分布进行分析；由于活性中心氨基酸带有活性基团—COOH，所以，—COOH 不适宜作为固定化结合位点，不对其分布情况进行分析；其他两种活性基团—OH 和 ε-NH_2 均不在活性中心氨基酸上，因此，非活性中心氨基酸残基的分布情况主要考察带有—OH 的氨基酸残基和带有 ε-NH_2 的氨基酸残基。

2. 带有羟基的氨基酸残基的分布（Ser、Thr、Tyr）

带有活性基团—OH 的 Ser、Thr 和 Tyr 残基分布如图 4-6（彩图见附录图 10）

所示。图 A 与图 B 为不同角度取图。

由图 4–6 可以看出，PLC 中带有—OH 的氨基酸残基 Ser、Thr 和 Tyr 分布比较分散，且在活性中心附近有大量带有—OH 的氨基酸残基分布，由表 4–3 可知这 3 种氨基酸含量很高，达到 18.0%，—OH 广泛的分布和较高的含量都可以为固定化提供更多的结合位点，但在 PLC 活性中心附近有大量的固定化结合位点，会对酶的活性有较大影响，因此，—OH 不适宜作为固定化 PLC 的结合位点。

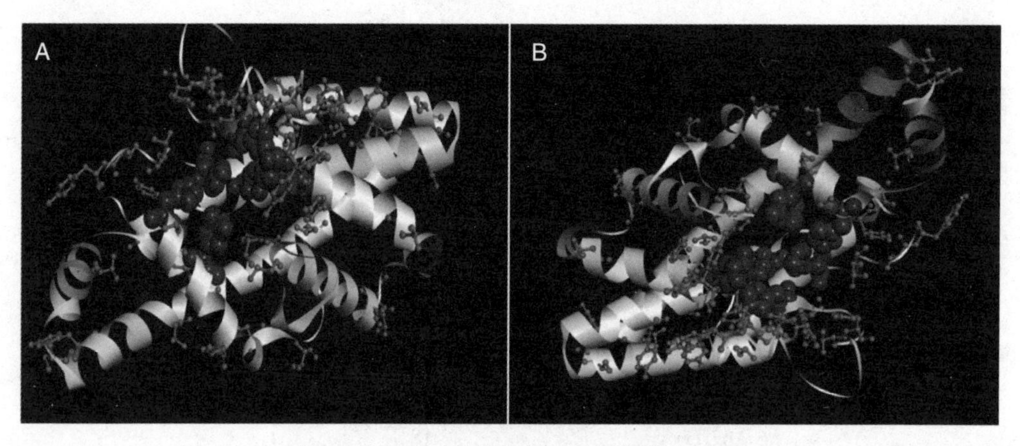

图 4–6 PLC 中带有羟基的氨基酸分布

3. 带有 ε–NH_2 的氨基酸残基分布（Lys）

带有活性基团 ε–NH_2 的 Lys 残基分布如图 4–7（彩图见附录图 11）所示。图 A 与图 B 为不同角度取图。

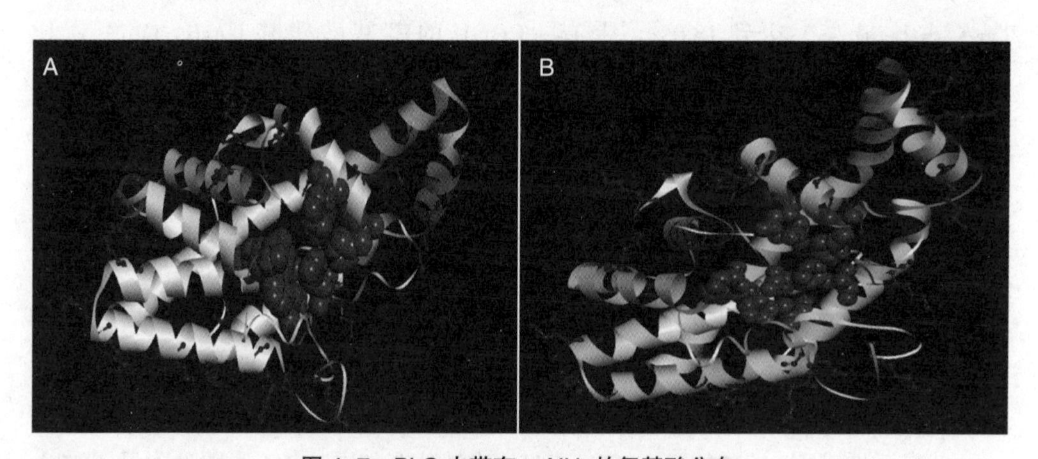

图 4–7 PLC 中带有 ε–NH_2 的氨基酸分布

由图 4–7 可以看出，PLC 中带有 ε–NH_2 的 Lys 分布在距离活性中心比较远的位置，即远离活性中心，所以，以 ε–NH_2 为固定化结合位点产生的共价键也远离酶的活性中心，对 PLC 活性中心的影响较小，ε–NH_2 较适合作为 PLC 的固定化结合位点。

综合考虑以上分析结果，—OH 氨基酸分布比较分散，且距离活性中心较近；该 PLC 晶体中无 Cys 存在。所以，选择远离酶活性中心的 Lys 残基上的 ε–NH_2 作为固定化结合位点，可以最大限度地保留 PLC 的活性。

第五节　磁性载体固定化 PLC 策略

PLC 的活性中心氨基酸存在较多带有活性基团—COOH 的氨基酸残基，为了避免氨基酸的活性中心在固定化过程中受到影响，固定化位点不应该选择带有—COOH 基团的氨基酸残基。此外，PLC 分子中带有活性基团 ε–NH_2 的氨基酸残基分布位置均远离酶的活性中心，所以，为了保持酶的活性，Lys 上的活性基团 ε–NH_2 是较理想的固定化结合位点。

ε–NH_2 一般可以与醛基或者羧酸（先 EDC 活化）进行反应，其中与戊二醛上醛基的反应最为常见。戊二醛是交联法固定化过程中最常见的交联剂之一，因其具有醛基双官能团，所以应用广泛，醛基的一端可以与蛋白中 ε–NH_2 共价结合，另一端可以与载体的氨基结合。利用戊二醛对 PLC 的固定化过程如图 4–8 所示。

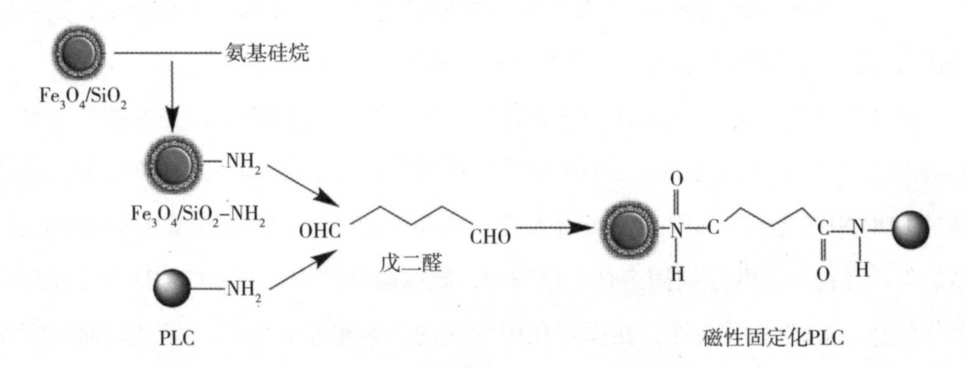

图 4–8　利用戊二醛对 PLC 进行定向固定化

如图 4-8 所示，可以通过戊二醛将 PLC 分子上的 ε-NH_2 与载体的—NH_2 共价交联。但也正是由于戊二醛具有双醛基官能团，酶蛋白分子之间也可能因此发生分子间或分子内交联，占用了结合位点，影响了固定化效率。如果戊二醛浓度过高，还易造成酶的过度交联，进而失活。分子内或分子间交联过程如图 4-9 所示。

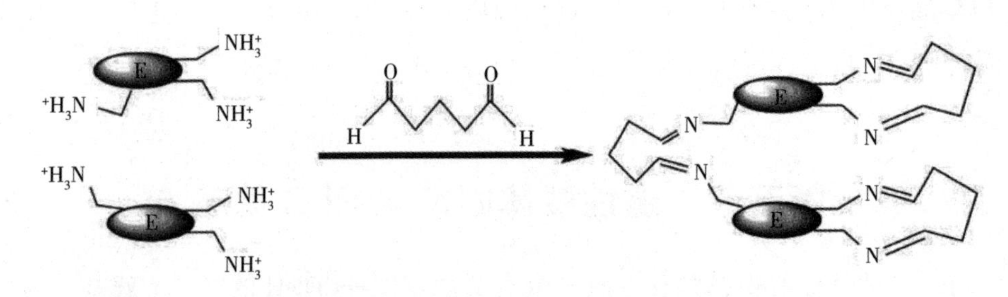

图 4-9 戊二醛与酶的分子间或分子内交联

鉴于此，本研究考虑选用另一种方法，通过羧酸与 Lys 上的 ε-NH_2 共价结合。PLC 分子上的 ε-NH_2 与载体上的羧基进行反应，以此来达到固定化的目的。那么就需要先制备羧基载体，近年来，羧基载体的修饰应用较多，本研究以磁性 Fe_3O_4/SiO_2 为基本载体，引入羧基基团。在羧基修饰前，先要将载体进行羟基活化，为了获得更多的羟基，进而获得更多的羧基与羟基的反应位点，更好地对 Lys 上的 ε-NH_2 进行固定化，在载体的活化过程中，采用超支化聚缩水甘油（HPG）进行羟基活化。其反应过程如图 4-10 所示。

如图 4-10 所示，先对磁性载体 Fe_3O_4/SiO_2 进行活化，为了得到更多的固定化位点，采用 HPG 作为活化剂，HPG 是一种超支化聚醚，周围有大量羟基，用其对载体进行活化，相当于加入一个羟基“放大器”。

活化后的载体再与酸酐在一定条件下反应，进行羧基修饰，最终制备出带有大量羧基的 Fe_3O_4/SiO_2/HPG-COOH 载体。羧基载体与 PLC 的—NH_2 反应前，还要经过 EDC/NHS 活化，而后在一定条件下，即可与 PLC 通过—NH_2 形成共价键进行固定化。在这一氨基定向固定化的过程中，氨基酸活性中心的—COOH 未被作为固定化位点，始终暴露在外，在固定化中受到的影响很小，所以，氨基定向固定化 PLC 的活性得到了很好的保留，具有较高的应用价值。

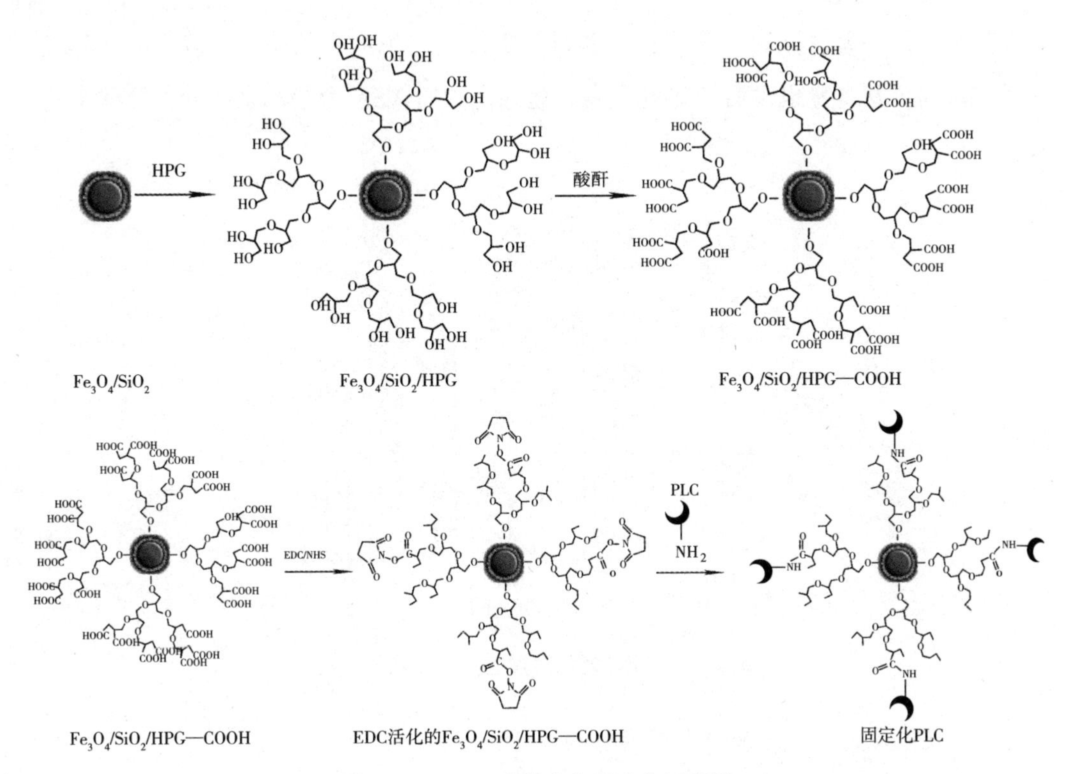

图 4-10　PLC 磁性定向固定化示意图

第六节　PLC 固定化磁性载体的修饰

将 Fe_3O_4/SiO_2 载体进行 HPG 活化，得到多羟基的 $Fe_3O_4/SiO_2/HPG$，为了考察不同羧基来源对载体羧基含量的影响，并得到最佳反应条件，对羧基载体修饰的反应时间、反应温度和羧基试剂添加量进行研究。经前文分析，提供羧基来源的实际为酸酐类物质。常用的酸酐为丁二酸酐（SA）和顺丁烯二酸酐（MAH），因而分别以这两种酸酐为羧基来源进行对比研究。

1. 反应时间对羧基修饰效果的影响

以羧基含量为指标，考察不同反应时间对羧基修饰效果的影响，其结果如图 4-11 所示。

由图 4-11 可看出，随着反应的进行，两种羧基载体的羧基含量逐渐上升，当反应时间达到 4.5 h 后，SA 修饰的载体羧基含量基本不再升高。反应 5 h 后，MAH

修饰的载体羧基含量达到最大值，此时修饰位点达到饱和状态，所以，即使延长反应时间羧基含量也没有明显的升高。达到饱和后，SA 为羧基来源的载体羧基含量更高。

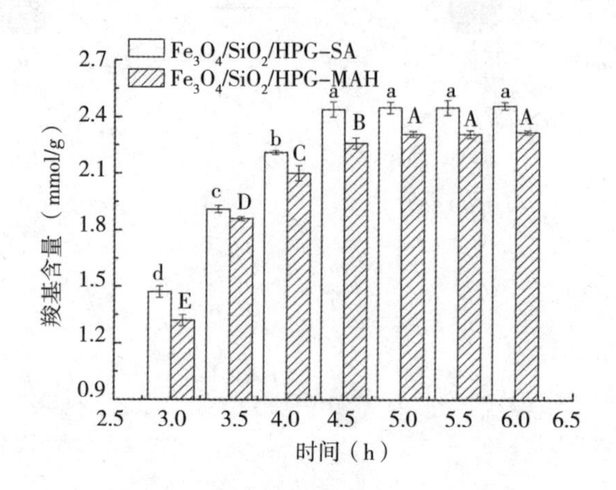

图 4-11　反应时间对羧基修饰效果的影响

2. 反应温度对羧基修饰效果的影响

以羧基含量为指标，考察不同反应温度对羧基修饰效果的影响，其结果如图 4-12 所示。

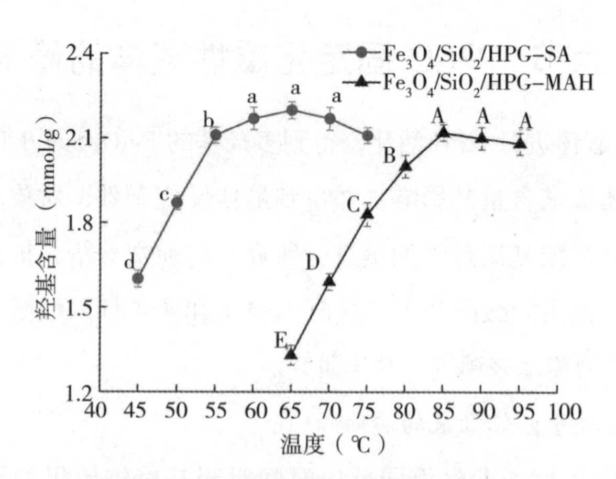

图 4-12　反应温度对羧基修饰效果的影响

由图 4-12 可以看出，随着反应温度的升高，两种羧基载体的羧基含量均呈现先升高后缓慢降低的趋势。SA 修饰的载体在反应温度为 65 ℃时，羧基含量达到最高值；MAH 修饰的载体需要较高的温度达到最大羧基负载量，85 ℃最为适宜。两种羧基来源的羧基修饰反应温度单因素对比发现，SA 参与的反应，羧基含量相对更高。

3. SA/MAH 添加量对羧基修饰效果的影响

以羧基含量为指标，考察 SA 和 MAH 的不同添加量对羧基修饰效果的影响，其结果如图 4-13 所示。

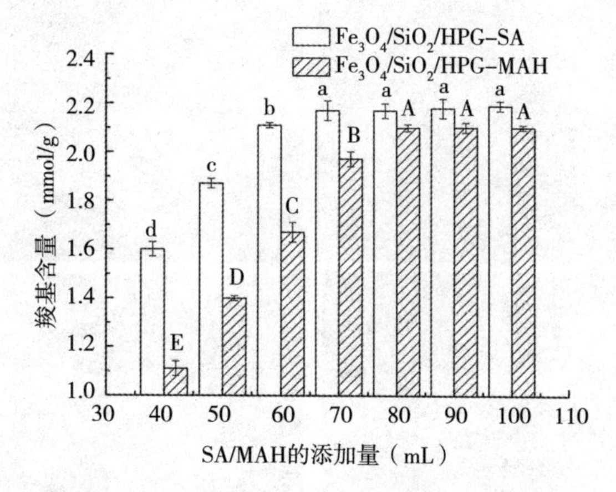

图 4-13　SA/MAH 添加量对羧基修饰效果的影响

由图4-13可知，随着SA或MAH添加量的增加，载体的羧基含量逐渐增大，当SA添加量为 70 mL 时，载体羧基含量达到 2.17 mmol/g；当 MAH 添加量为 80 mL 时，羧基含量达到 2.10 mmol/g。继续添加羧基试剂，但由于结合位点趋于饱和，载体的羧基负载量几乎不再增加。达到饱和后，SA 为羧基来源的载体羧基含量更高。

综合以上单因素试验研究发现，SA 为羧基来源的载体羧基含量明显高于 MAH 为羧基来源的载体羧基含量，所以，以 Fe_3O_4/SiO_2-SA 为羧基载体供后续研究使用，效果更佳，因其是羧基来源，所以命名为 Fe_3O_4/SiO_2/HPG-COOH。

第七节　PLC 固定化磁性载体表征分析

为了确定固定化载体的制备效果，将制备的 Fe_3O_4/SiO_2/HPG 和羧基修饰的 Fe_3O_4/SiO_2/HPG-COOH 载体分别进行结构表征分析。

1. 磁性载体的 SEM 分析

采用扫描电镜观察自制的载体纳米粒子的形态结构，其扫描电镜照片如图 4–14 所示。

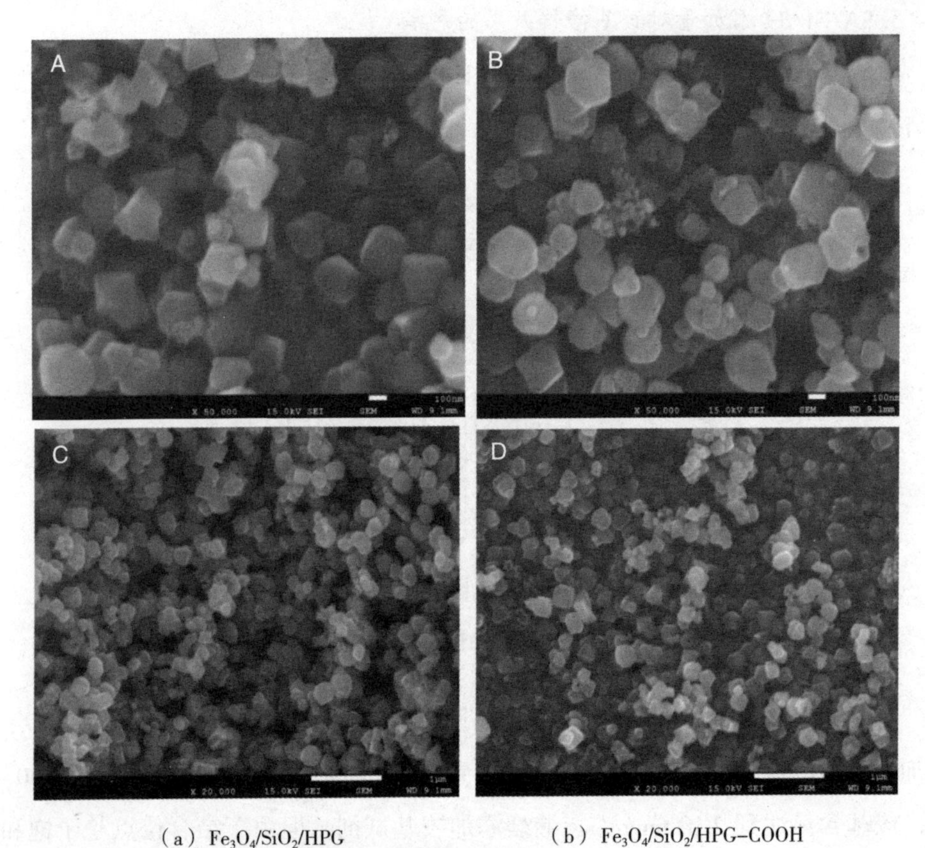

（a）$Fe_3O_4/SiO_2/HPG$　　（b）$Fe_3O_4/SiO_2/HPG$–COOH

图 4–14　3 种磁性载体的 SEM 图

（A、B 为 50000 倍下观察图，C、D 为 20000 倍下观察图）

由图 4–14 可以看出，两种磁性载体基本成球形，粒径较小，在 100 nm 左右，分散性良好。$Fe_3O_4/SiO_2/HPG$–COOH 中少数团聚现象是因为有羧基引入所导致的，但整体呈分散状态，载体的表面略粗糙，这将增大载体的表面积，更利于酶的固定化。

2. 磁性载体的粒径分析

取适量自制的载体纳米粒子，通过激光粒度分析仪进行测量，实验结果如图 4–15 所示。

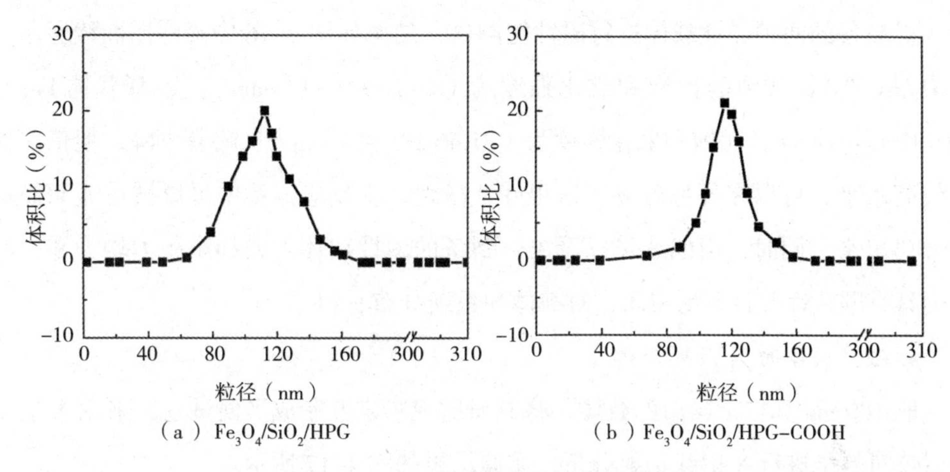

图 4–15　两种磁性载体的粒径分布

由图 4–15（a）可以看出，$Fe_3O_4/SiO_2/HPG$ 载体平均粒径（112.7 ± 1.90）nm，分布范围为 64.60 ～ 161nm，粒径分布范围较窄；由图 4–15（b）可以看出，$Fe_3O_4/SiO_2/HPG-COOH$ 载体平均粒径为（116.20 ± 1.10）nm，分布范围为 68 ～ 158 nm，粒径分布范围较窄。因此，所制备的两种磁性载体均属于纳米级载体，粒径均较小。

3. *磁性载体的磁性能分析*

利用振动磁强计来测定自制磁性载体粒子的磁性能，通过振动磁强计测定室温条件下的磁滞回线，实验结果如图 4–16 所示。

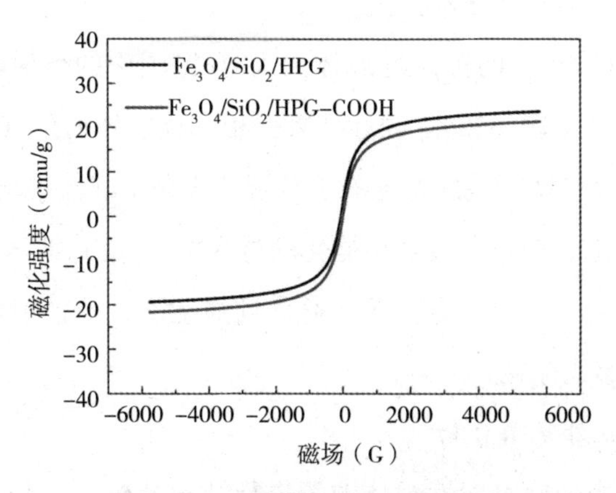

图 4–16　两种磁性载体的磁滞回线

对制备的两种磁性载体进行磁性能测试，结果如图 4–16 中磁滞回曲线所示。Fe_3O_4/SiO_2/HPG 载体的比饱和磁化强度为（23.70 ± 0.60）emu/g，羧基载体 Fe_3O_4/SiO_2/HPG–COOH 的比饱和磁化强度为（21.40 ± 0.60）emu/g，略有下降，但依然保持较高水平，可以在外加磁场下被很好地磁化，在反应体系中可以被快速而简单地分离出来。同时，由曲线可以看出，制备的磁性载体剩磁和矫顽力均为零，所以均具有顺磁性并且不易聚团，对载体的重新分布有利。

4. 磁性载体的 X 衍射分析

取 100 mg 真空干燥后的载体，将其研磨成粉末并制成平面试片，采用 X 射线衍射仪对粒子进行 X 射线衍射分析，实验结果如图 4–17 所示。

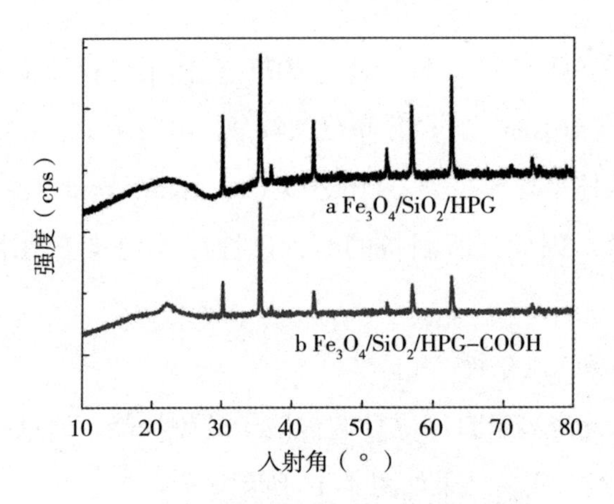

图 4–17 两种磁性载体的 XRD 图谱

由图 4–17 可以看出，两种磁性载体的 XRD 谱图中的衍射峰位置和强度结果都与粉末衍射 PDF 卡（19–629#）的标准数据相一致，分别在 30°、36°、42.5°、53.5°、57° 和 62° 处出现明显的特征峰。该现象表明了载体中均含有 Fe_3O_4 纳米粒子，同时也表明在包覆 SiO_2 及羧基功能化的过程中，Fe_3O_4 纳米粒子的晶型依然保持稳定。同时，在 15° ～ 25° 均出现了宽化且强度不大的衍射峰，表明在载体中 SiO_2 以无定型体的形式存在。

5. 磁性载体的红外光谱分析

采用傅里叶红外光谱对磁性载体粒子进行结构分析，以此来判断羧基载体是否制备成功，粒子的 FT–IR 光谱图如图 4–18 所示。

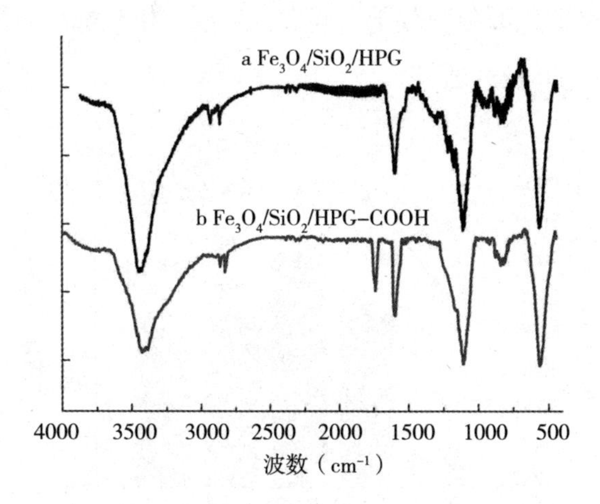

图 4–18　两种磁性载体的红外光谱图

从图 4–18 可以看出，在 $Fe_3O_4/SiO_2/HPG$ 和 $Fe_3O_4/SiO_2/HPG$–COOH 两种磁性载体的红外光谱中，579 cm^{-1} 对应 Fe_3O_4 中 Fe—O 特征伸缩振动吸收峰，峰形完整，表明两种磁性载体 Fe_3O_4 修饰效果均良好；3410 cm^{-1} 和 1631 cm^{-1} 分别对应—OH 的伸缩振动和弯曲振动峰，790 cm^{-1} 和 1100 cm^{-1} 处分别为 Si—OH 和 Si—O—Si 的对称和不对称伸缩振动吸收峰，说明 SiO_2 均包覆良好；在两条曲线的 2860 cm^{-1} 和 2927 cm^{-1} 处均出现了亚甲基吸收峰，证明了 HPG 的存在。在曲线 b 中的 1730 cm^{-1} 处为酯键的吸收峰，以此说明 $Fe_3O_4/SiO_2/HPG$–COOH 载体的—COOH 修饰成功。

第八节　PLC 的固定化

1. PLC 与 EDC 摩尔比对 PLC 磁酶固定化效果的影响

以 $Fe_3O_4/SiO_2/HPG$–COOH 为载体，在反应温度 40 ℃，PLC 添加量 400 U/mL，反应 4 h 的条件下，考察不同摩尔比对固定化酶的活力和载酶量的影响，其结果如图 4–19 所示。

由图 4–19 可以看出，在 PLC 的固定化过程中，PLC 与 EDC 的摩尔比例对酶活力均有较大影响，随着比例的升高，固定化 PLC 的酶活力与载酶量均呈现先升高再下降的趋势。活化剂 EDC 的增加，增加了固定化酶与载体上的氨基反应的概率，但过高的添加量容易造成部分酶分子之间发生交联，相对酶活力反而下降。所以，最佳摩尔比选择 1 ： 20 较为适宜。

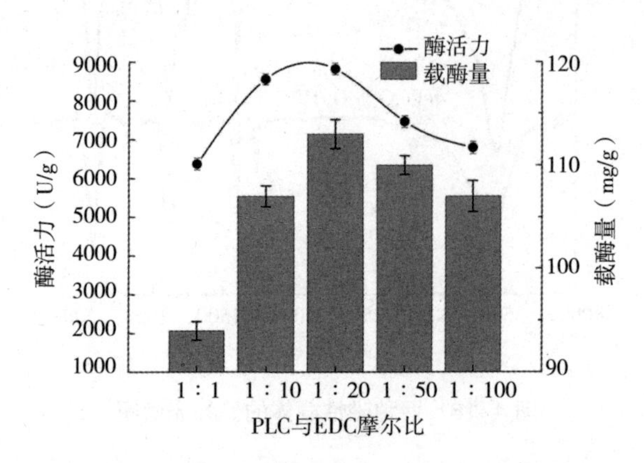

图 4-19 PLC 与 EDC 摩尔比对固定化效果的影响

2. PLC 添加量对固定化效果的影响

以 Fe_3O_4/SiO_2/HPG-COOH 作为载体，在反应温度 40 ℃，PLC 与 EDC 摩尔比 1 ： 20，反应 4 h 的条件下，考察不同 PLC 添加量对固定化酶的活力和载酶量的影响，其结果如图 4-20 所示。

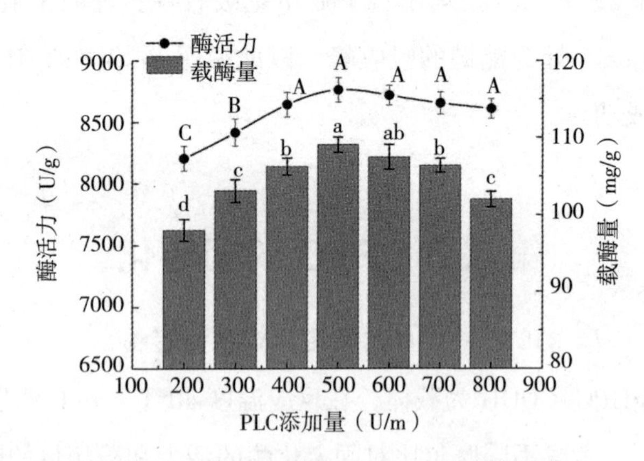

图 4-20 PLC 添加量对固定化效果的影响

由图 4-20 可知，随着 PLC 添加量的逐渐增加，固定化 PLC 颗粒的活力和载酶量均呈现先增加后逐渐下降的趋势。酶活力和载酶量在酶的添加量为 500 U/mL 时达到了最大值。当 PLC 的添加量超过 500 U/mL 并继续增长时，固定化酶的活力和载酶量呈现出了下降趋势。这是由于载体表面可以与酶结合的羧基是有限的，当游离酶浓度大于最适浓度时，空间位阻增大，不利于酶分子迅速到达载体表面进行结合。因此，选择 500 U/mL 为固定化 PLC 的添加量较为合适。

3. 温度对 PLC 固定化效果的影响

以 Fe_3O_4/SiO_2/HPG–COOH 作为载体，PLC 与 EDC 摩尔比 1 ∶ 20，PLC 添加量为 500 U/mL，反应 4 h 的条件下，考察不同固定化温度对固定化酶的活力和载酶量的影响，其结果如图 4–21 所示。

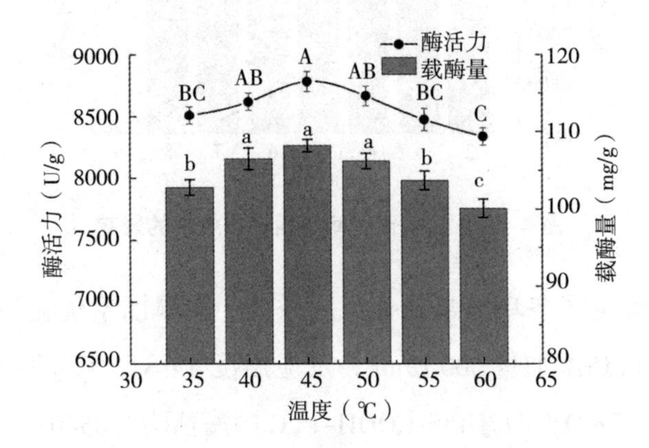

图 4–21　温度对固定化效果的影响

由图 4–21 可以发现，固定化 PLC 颗粒的活力和载酶量都随着温度的增加呈现出了先增加后下降的趋势。固定化酶的酶活和载酶量在温度为 45 ℃达到了最大值，当温度超过 45 ℃并继续增加时，由于温度的提高导致酶的活性有所降低，所以固定化酶的活力逐渐下降。因此，固定化 PLC 时选择温度为 45 ℃。

4. 固定化时间对 PLC 固定化效果的影响

以 Fe_3O_4/SiO_2/HPG–COOH 作为载体，PLC 与 EDC 摩尔比 1 ∶ 20，PLC 添加量为 500 U/mL，反应温度为 40 ℃的条件下，考察不同固定化时间对固定化酶的活力和载酶量的影响，实验结果如图 4–22 所示。

如图 4–22 所示，随着固定化时间的延长，固定化 PLC 颗粒的活力和载酶量有着相似的变化趋势，均是先升高再下降。固定化 PLC 颗粒的活力和载酶量均在 5 h 达到最大值，当反应时间超过 5 h 时，固定化时间越长，磁酶颗粒的酶活力越低。出现这种趋势的主要原因是固定化时间的延长增大了酶负载的概率，固定化载体的载酶量不断增加，酶活会随载酶量增加而升高，载酶量慢慢达到饱和，超过饱和点后，载酶量不再继续增加，酶会因为长时间暴露在极性溶液中而降低酶活。因此，固定化 PLC 时选择时间为 5 h。

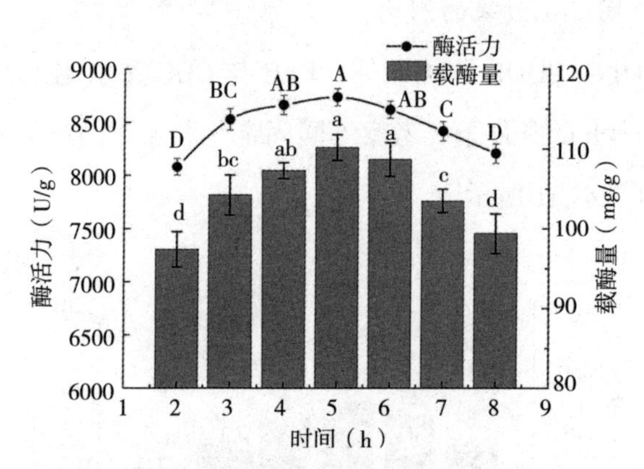

图 4–22　固定化时间对固定化效果的影响

综上所述，确定了各单因素最佳反应条件，在单因素优化的 PLC 与 EDC 的摩尔比 1 ：20，PLC 添加量 500 U/mL，反应温度 45 ℃，反应时间 5 h 条件下，制备固定化 PLC，Fe_3O_4/SiO_2/HPG–COOH–PLC 的酶活力（8540 ± 80）U/g，载酶量（114 ± 2.50）mg/g。

第九节　PLC 磁性固定化酶酶学性质研究

本研究以固定化 Fe_3O_4/SiO_2/HPG–COOH–PLC 作为主要研究对象，以游离 PLC 作为对比进行分析，探究在反应的体系中，固定化酶的酶活变化，进而得到反应体系中固定化酶的最适宜温度、最适宜 pH、储藏及受热情况下的酶学特性。

1. pH 对 PLC 磁酶颗粒相对活力的影响

将磁酶颗粒与游离酶进行比较，探究不同 pH 对活力变化的影响，结果如图 4–23 所示。

从图 4–23 可以看出，pH 为 7.5 时是游离 PLC 的最适 pH，而 pH 达到 8.0 时，磁性固定化 PLC 达到了最适 pH。对比游离酶与固定化酶的最适 pH，我们可以发现磁酶颗粒的最适 pH 向碱性偏移，比游离 PLC 的最适 pH 偏碱性范围，pH 耐受性能明显增强，即耐受 pH 的范围明显变宽。

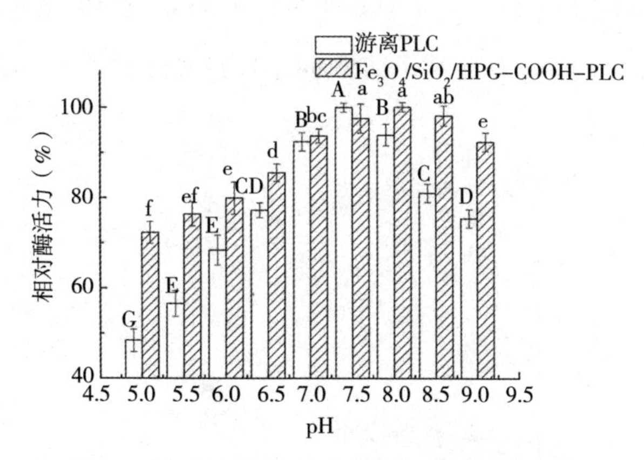

图 4-23　pH 对 PLC 磁酶颗粒相对活力的影响

2. 温度对 PLC 磁酶颗粒相对活力的影响

将磁酶颗粒与游离酶进行比较，探究不同温度对酶活力变化的影响，结果如图 4-24 所示。

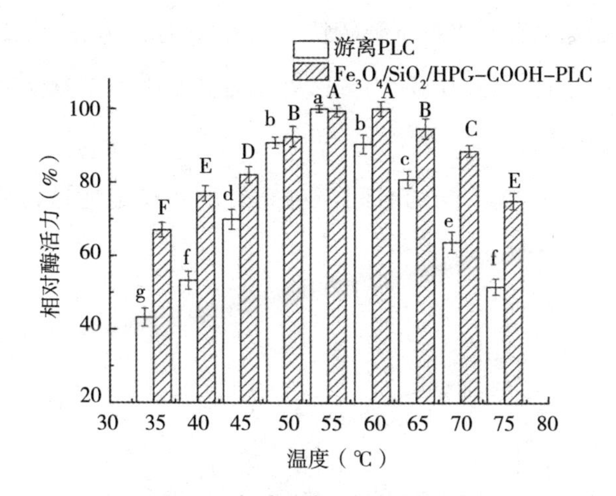

图 4-24　温度对磁酶颗粒相对活力的影响

由图 4-24 可以看出，游离 PLC 最适温度是 55℃，60℃则是磁性固定化 PLC 发挥最佳酶活的最适温度。对比游离酶的最适温度可以发现，固定化酶最适温度范围更宽，且具有较高的活性。这表明表酶分子与载体之间通过共价作用形成多位点结合结构，增加了固定化酶的稳定性。

3. 储藏稳定性

将游离 PLC 和固定化 PLC 在 4 ℃条件下储藏 60 d，每隔 10 d 对酶活力进行一次检测，以此考察酶的储藏稳定性，结果如图 4–25 所示。

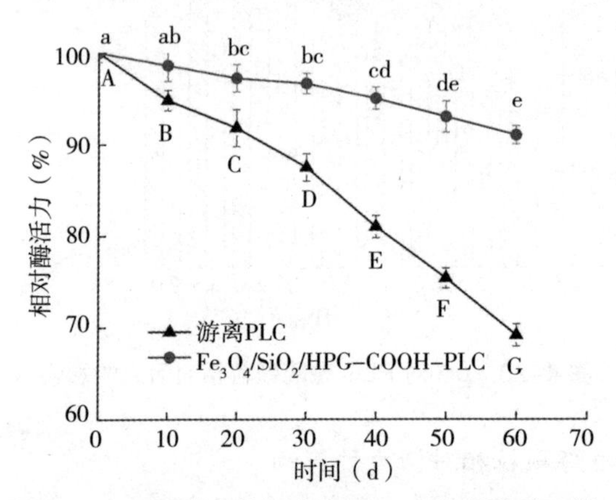

图 4–25　磁酶颗粒与游离酶 PLC 的储藏稳定性

由图 4–25 可以看出，随着储藏时间的延长，两种酶的相对活力均呈下降趋势，固定化 PLC 下降缓慢。游离 PLC 下降较快，在 60 d 时，酶活力已经低于 70%。固定化 PLC 在储藏 60 d 时，相对酶活力依然处于较高水平，储藏稳定性更好。

4. PLC 磁酶的热稳定性

在 60 ℃条件下，存放不同的时间，对 PLC 的热稳定性进行研究，其结果如图 4–26 所示。

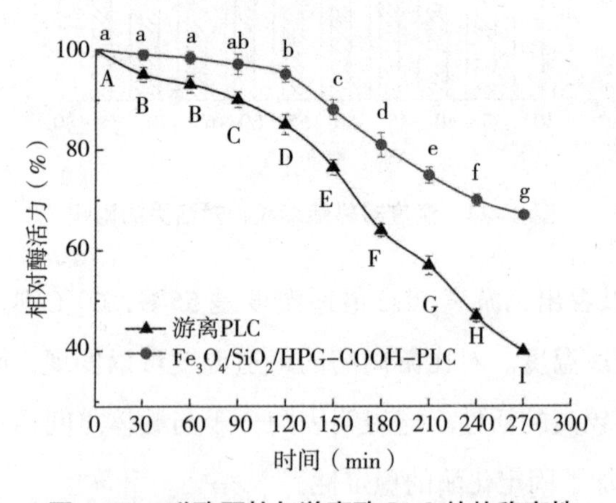

图 4–26　磁酶颗粒与游离酶 PLC 的热稳定性

图 4–26 是游离 PLC 与固定化 PLC 在 60 ℃下的热稳定性试验，随着时间的延长，两种酶的活力均有不同程度的下降，固定化 PLC 下降幅度比较缓慢。180 min 时，固定化 PLC 酶活力依然高于 80%。在 270 min 时，游离 PLC 的相对酶活低于 40%，而固定化 PLC 的相对酶活依然保持在较高水平。

第十节　PLC 磁性固定化酶的性能对比

PLC 的活性中心的活性基团为—COOH，所以，将—COOH 作为固定化位点定向地与载体结合，与 ε–NH_2 固定化酶的酶活性、载酶量、酶学动力学、二级结构等进行对比，以此来证明生物信息学分析中得出的结论的正确性，即—COOH 为酶活性中心的活性基团以及 ε–NH_2 远离活性中心，是理想的固定化位点。—COOH 固定化 PLC 的制备方法见前文。

1. —NH_2 固定化 PLC 与—COOH 固定化 PLC 的性能对比

根据本研究中对 PLC 的活性中心分析结果可知，PLC 的活性中心氨基酸的活性基团为—COOH，以—COOH 作为固定化结合位点会对其活性造成影响，为了验证分子对接结果的正确性，将活性中心氨基酸上的—COOH 与非活性中心氨基酸上的 ε–NH_2 分别作为固定化位点与载体特定基团共价结合，对载酶量和酶活性进行分析，结果如图 4–27 所示。

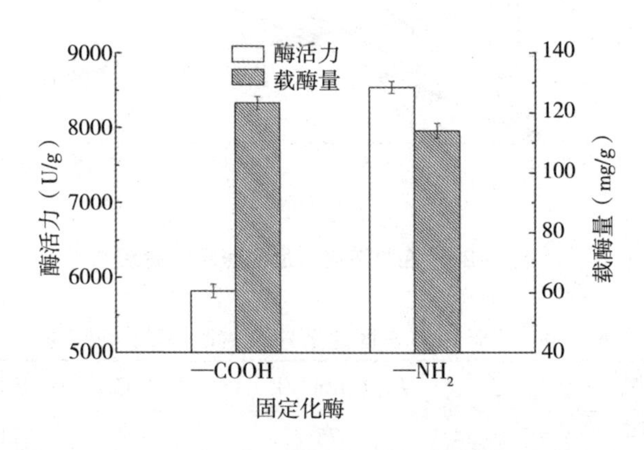

图 4–27　PLC 分子上不同固定化结合位点对载酶量和酶活性的影响

由图 4–27 可以看出，以 PLC 分子的—COOH 为结合位点进行固定化，酶的负

载量高于以 ε–NH_2 为结合位点的固定化，这是由于 PLC 分子中带有—COOH 的氨基酸残基比例较高，为 13.1%，提供的固定化位点也相对较多，而带有 ε–NH_2 的 Lys 占比为 8.2%；虽然—COOH 固定化 PLC 载酶量高，达到了 123 mg/g，但其酶活性很低，仅为（5820 ± 90）U/g，而 ε–NH_2 固定化 PLC 酶活力达到了（8540 ± 80）U/g。这主要是由于，带有 ε–NH_2 的 Lys 分布在远离 PLC 活性中心的位置，以 ε–NH_2 作为固定化结合位点，对活性中心的影响较小，而 PLC 活性中心氨基酸中带有较多—COOH，以—COOH 作为结合位点相当于对酶的钝化作用，对酶活性的发挥起到了较大的抑制作用。

2. PLC 固定化酶的酶学动力学对比分析

向脱胶毛油中添加浓度为 0.7 ～ 3.5 mol/L 的 PC 进行酶解，通过水解前后 PC 浓度变化量计算反应速率，并计算动力学参数 K_m 与 V_{max}。对游离 PLC、—COOH 固定化 PLC、ε–NH_2 固定化 PLC 进行酶学动力学研究，其结果如图 4–28 和表 4–4 所示。

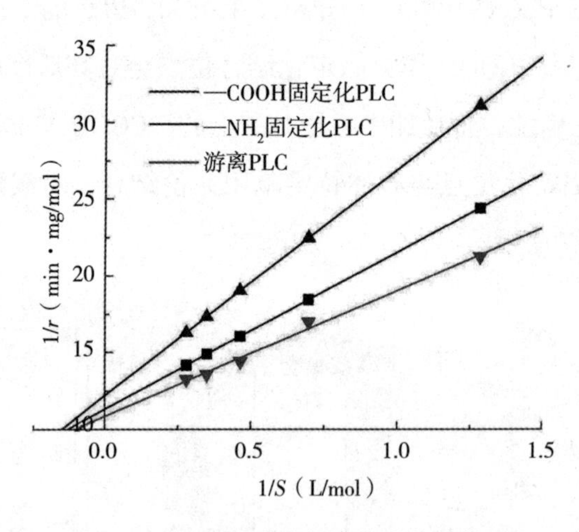

图 4–28 底物浓度与反应速率的关系

表 4–4 游离 PLC 与固定化 PLC 的酶解动力学参数

酶的种类	K_m（mol/L）	V_{max}［mol/（min · mg）］
游离 PLC	0.75	9.21×10^{-2}
—NH_2 固定化 PLC	0.89	8.85×10^{-2}
—COOH 固定化 PLC	1.19	8.18×10^{-2}

由图 4–28 可看出，游离 PLC 和固定化 PLC 的酶解速率随底物摩尔浓度增加而增加，呈现线性相关。由表 4–4 可知，游离酶、ε–NH_2 固定化 PLC 和—COOH 固定化 PLC 的米氏常数 K_m 分别为 0.75 mol/L、0.89 mol/L 和 1.19 mol/L。其中，ε–NH_2 固定化 PLC 的 K_m 最接近游离 PLC，这是由于在固定化过程中，氨基定向固定化的 PLC 将活性中心暴露在外，在酶解过程中，酶的活性得到了最大限度的发挥；—COOH 固定化 PLC 与底物的亲和力最差，这是由于在固定化过程中，将酶活性中心上的—COOH 与载体结合，导致在酶解过程中，其与底物结合效果较差，亲和力较低。此外，游离 PLC 的 V_{max} 为 9.21×10^{-2} mol/（min · mg），ε–NH_2 固定化的 PLC 的 V_{max} 为 8.85×10^{-2} mol/（min · mg），与游离酶更接近。

3. PLC 固定化酶的圆二色谱分析

利用圆二色谱对游离 PLC、ε–NH_2 固定化 PLC 和—COOH 固定化 PLC 的二级结构进行分析，其结果如图 4–29 所示。

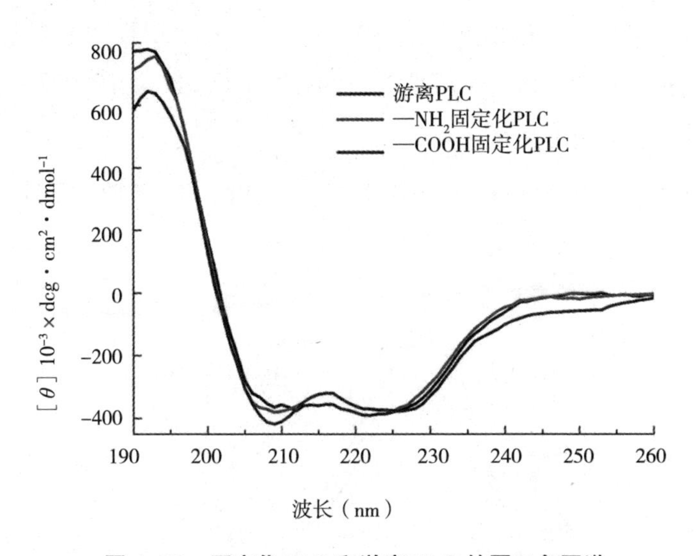

图 4–29　固定化 PLC 和游离 PLC 的圆二色图谱

由图 4–29 可以看出，3 种 PLC 均在 190 nm 附近有正峰，222 nm 处呈现的负凹槽，表明 α– 螺旋构象的存在；在 218 nm 附近有负峰，在 195 ～ 198 nm 处有正峰，证明 β– 折叠构象的存在；212 nm 处有吸收峰，表明无规卷曲的存在。计算得到的各二级结构的比例如表 4–5 所示。

表 4–5　固定化 PLA_2 和游离 PLA_2 的二级结构组成（%）

样品	α– 螺旋	β– 折叠	β– 转角	无规卷曲
游离 PLC	11.2	26.6	22.9	39.3
—NH_2 固定化 PLC	10.6	26.9	23.0	39.5
—COOH 固定化 PLC	7.3	27.0	23.3	42.4

由表 4–5 可以看出，经过固定化处理后，PLC 的二级结构发生了改变，两种固定化酶的 α– 螺旋的含量均出现不同程度的下降，与刘宁等对 PLA_1 固定化得到的结果一致。Peng H 等对纤维素酶固定化的研究中也得到了相似的变化规律。ε–NH_2 固定化的酶 α– 螺旋变化程度较小，无规卷曲含量略有上升，固定化对其二级结构影响较小。而—COOH 固定化酶 α– 螺旋含量下降了 3.9%，无规卷曲含量上升了 3.1%，β– 折叠与 β– 转角比例均有一定程度上升，但幅度很小。由此可见，由于—COOH 是 PLC 活性中心氨基酸的活性基团，以其为固定化位点对 PLC 的二级结构影响较大，对酶天然构象的改变也更大，这也在一定程度上影响其活性，这就解释了—COOH 固定化 PLC 酶活小于 ε–NH_2 固定化 PLC 酶活的原因。

4. PLC 固定化酶的荧光光谱分析

利用荧光光谱对游离 PLC、ε–NH_2 固定化的 PLC 和—COOH 固定化的 PLC 进行构象分析，其结果如图 4–30 所示。

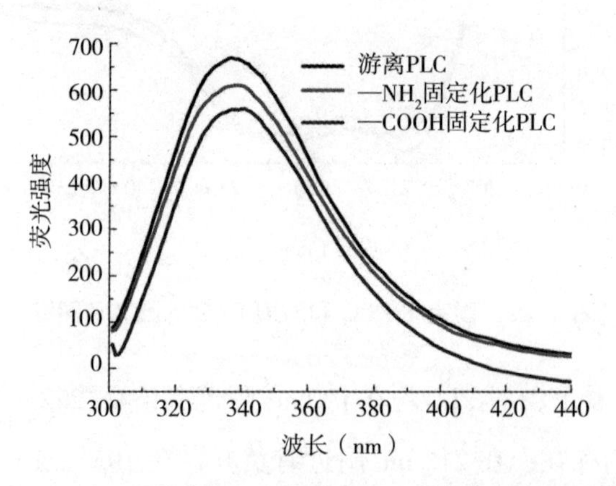

图 4–30　固定化 PLA_2 和游离 PLA_2 的荧光淬灭图谱

由图 4–30 可知，3 种 PLC 在荧光光谱分析中呈现相似的变化趋势，两种固定化酶均发生了淬灭现象，ε-NH_2 固定化 PLC 的淬灭程度较小。两种固定化 PLC 发生了不同程度的红移，—COOH 固定化 PLC 红移距离较大，为 4 nm，这主要是由于在对 PLC 的活性中心有较多的活性基团—COOH，以—COOH 为结合位点进行固定化，对酶的构象影响较大。但 ε-NH_2 固定化 PLC 在荧光光谱分析中仅发生了 1 nm 的红移，由此可见，选择 ε-NH_2 为固定化位点，对 PLC 的构象影响较小，这一现象也解释了 ε-NH_2 固定化 PLC 酶活回收率较高的原因。进一步验证了 ε-NH_2 作为固定化 PLC 结合位点的正确性。

第十一节　磷脂酶活性中心及固定化位点的确定

1. PLC 催化反应机制推测

本研究分析了 PLC 催化水解 PC 的机制，活性中心氨基酸具有“Glu-His-Asp”三联体结构，这一推断中出现的 3 种氨基酸与分子对接分析结果完全一致。在水解过程中，催化“三联体”通过氢键相连，以类似于脂肪酶的三联体的形式对 PC 进行水解。经历了酶与底物吸附、形成四元环中间体、中间体断裂释放甘油二酯、形成新的中间体、中间体断裂释放磷酸胆碱、重新形成催化三联体等多个环节，最终完成了对 PC 的水解，达到了脱胶的目的。

本研究对磷脂酶催化反应机制进行的一系列推断，将为指导磷脂酶定向固定化、最大限度发挥酶的活性、达到最优脱胶效果提供理论依据。

2. 利用生物信息学研究 PLC 的活性中心

在对 PLC 与 PC 采用柔性方式进行分子对接的过程中，发现了 Asp55、His69、His118、Asp122、His128 和 Glu146 6 个氨基酸位于活性中心，且在反应过程中发挥了关键作用，这与 Ikeda K 得到的结果相似。Ikeda K 采用与本研究相同亚类的 PLC，对磷酸复合体进行水解，发现了 Asp55、His69、His118、Asp122、His128、His142 和 Glu146 7 个氨基酸为反应过程中的活性中心氨基酸，这与本研究结果相似，这是由于磷酸复合体是一系列磷酸化合物，与 PC 在结构上非常相似，所以在与相同亚类的磷脂酶反应时，PLC 中发挥主要作用的氨基酸也很相似。在 Asp55、Asp122 和 Glu146 氨基酸中均带有活性基团—COOH。活性中心氨基酸和活性基团的发现，为 PLC 的定向固定化提供了理论依据。

第十二节　PLC 固定化研究的讨论

根据 PLC 与配体的分子对接的结果，活性中心氨基酸上带有的活性基团为—COOH，在对 PLC 进行固定化过程中，为了尽可能保留酶的活性，应避免固定化载体与氨基酸上的—COOH 反应。鉴于此，可以选择在非活性中心上带有—OH 的 Ser、Thr 和 Try，或者选择带有 ε-NH_2 的 Lys 作为与载体的结合位点。在此基础上，分别对带有—OH 的 Ser、Thr、Try 和带有 ε-NH_2 的 Lys 的分布情况进行分析，发现 Ser、Thr 和 Try 分布范围较广泛，但在活性中心附近有较多分布，所以选择这 3 种氨基酸为固定化结合位点，很有可能会影响酶的活性。因此，最终选择分布在远离活性中心的 Lys 上的 ε-NH_2 为 PLC 的固定化结合位点，可以最大限度地保留酶的活性。

对于 PLC 的固定化位点的研究在前文中已经述及，Lys 上的 ε-NH_2 为 PLC 理想的固定化结合位点。关于 PLC 上 ε-NH_2 的固定化，在与戊二醛交联法的对比中，由于考虑到戊二醛的双官能团特性，可能造成 PLC 分子内或分子间交联，所以最终采用了羧基载体作为 PLC 的固定化载体。羧基载体通过 EDC 活化，可以与 PLC 上的 ε-NH_2 进行定向固定化。在制备羧基载体过程中，为了得到更多的结合位点，本研究引入了 HPG 作为 Fe_3O_4/SiO_2 的活化剂，其可以提供更多的羟基，相当于羟基“放大器”，为羧基的修饰提供了必要保障。在对 Fe_3O_4/SiO_2/HPG 和 Fe_3O_4/SiO_2/HPG-COOH 的表征中，证明了羧基载体有较高的比饱和磁强度，较小的纳米级粒径，并且成功地载入了羧基基团。

通过将羧基载体与 PLC 的 ε-NH_2 共价结合，成功制备了 ε-NH_2 固定化 PLC。为了证明 ε-NH_2 固定化 PLC 具有的优势，将其与活性中心—COOH 固定化 PLC 进行对比研究，—COOH 固定化酶的固定化机制如图 3-33 所示，前文已经做过相关阐述。在性能的对比中发现，虽然—NH_2 固定化 PLC 的载酶量明显低于—COOH 固定化 PLC，但前者的酶活性却明显高于后者，并且前者具有更好的底物亲和力和更快的反应速率，在固定化过程中结构变化更小，以此验证了生物信息学研究的结果。

在分子对接的研究中，分析得出 PLC 的活性中心氨基酸 Asp55、Asp122、Glu146 均带有活性基团—COOH。将 PLC 上的—COOH 与载体连接，对酶的活性中心会带来极大的影响，一定程度上相当于对酶的钝化，所以影响了固定化酶的活性，以此证明了分子对接中对于活性中心氨基酸分析的正确性，并为反应机制的研究中带有—COOH 的 Asp 和 Glu 发挥了重要作用的推断提供了数据支撑。

本研究将固定化 PLC 与游离 PLC 进行对比，发现固定化 PLC 具有更宽泛的适用温度，45 ～ 70 ℃范围内相对酶活均能保持在 80% 以上；固定化 PLC 具有更宽泛的 pH 适用范围，pH 7.0 ～ 9.0 范围内相对酶活依然较高；同时，固定化 PLC 还具有更好的储藏稳定性和热稳定性，在酶学性质上均明显优于游离酶。目前，关于固定化酶的研究，多数学者也得到了相似的结论。

利用游离的 PLC 水解 PC，推断其水解过程为“Glu-His-Asp”三联体反应，发挥作用的氨基酸主要为 Glu146、His69 和 Asp55。将 PLC 与 PC 进行分子对接，发现该反应的活性中心氨基酸为 Asp55、His69、His118、Asp122、His128 和 Glu146，并且—COOH 为活性中心氨基酸的活性基团。结合 PLC 的一级结构及三维构象分析，获得 PLC 的氨基酸组成以及带有—OH 和 ε-NH_2 的氨基酸残基分布，发现带有 ε-NH_2 的 Lys 远离活性中心，ε-NH_2 为理想的固定化结合位点。

依据 PLA_2 中 Lys 上 ε-NH_2 的特性，对制备的 Fe_3O_4/SiO_2 进行 HPG 活化，并制备出羧基载体。通过 FT-IR、振动磁强计、光谱激光粒度分析仪和 XRD 等分析，发现 Fe_3O_4/SiO_2/HPG-COOH 是羧基磁性纳米载体。将游离 PLC 固定到上述载体上，制得了固定化酶 Fe_3O_4/SiO_2/HPG-COOH-PLC。将 PLC 活性中心的活性基团—COOH 修饰成 NHS 活性酯，并与 Fe_3O_4/SiO_2-NH_2 进行定向固定化，发现其固定化酶的载酶量高于 ε-NH_2 固定化酶，但酶活较低，验证了生物信息学分析的 ε-NH_2 为理想的固定化结合位点的结果，该位点进行的固定化是定向固定化。

第五章

定向固定化磷脂酶在磁流化床中的应用

磁性固体颗粒并不具有流动性，但达到纳米级粒径的磁性固体颗粒就具有了磁响应性，将其在磁性流化床中应用，通过磁场强度和流体速度等因素的调整，可以使得磁酶粒子在磁流化床中实现流态化。流态化状态增强了相间接触的概率，不需要常规脱胶的搅拌过程，磁酶与油脂可以快速分离，在本书的引言中已有阐述。本研究对依据酶法连续多效脱胶的需要，对磁流化床进行设计，利用磁流化床脱胶，建立一个可以利用磁性固定化酶 Fe_3O_4/SiO_2/HPG–COOH–PLC 和 Fe_3O_4/SiO_2–NH_2–sulfo–SMCC–PLA_2 酶法连续多效脱胶的方法，最大限度地发挥两种磷脂酶的活性，降低大豆油脂中的磷含量，保证产品品质。对定向固定化酶进行连续使用时间的研究，以期降低生产成本，为磁性固定化磷脂酶在工业生产中实现连续化脱胶提供现实依据。

第一节　定向固定化磷脂酶在磁流化床中应用的研究方法

1. 双循环固液磁流化床的设计

根据磁酶颗粒特点确定流化床的各项参数，设计并制作磁流化床的床体，将多个磁流化床单体进行组合，组成固液双循环磁流化床系统。

2. 磁流化床磁场特性的分析

通过调节直流电流 0.80 ～ 2.20 A，测定电流强度和磁场强度的变化规律。设磁流化床的直径为横轴，将霍尔磁场强度探测器插入磁流化床的不同位置，依次测定磁流化床的电磁线圈顶部至底部之间不同区域的磁场强度，确定磁流化床内的磁场特性。

3. 磁场强度的测定

由霍尔磁强度探测器测定流化床内的磁场强度，依次测量流化床内不同区域的磁场强度，进而确定磁流化床内磁场特性。对磁场强度进行实时监测，测定结果最终通过液晶显示器显示。

4. 固定化 PLC 酶法多效脱胶单因素试验

取 500g 大豆毛油置于磁流化床的毛油储罐中，在磁流化床中加入一定比例的固定化 PLC。设置到指定温度，以缓冲液调整 pH，加入 3% 的蒸馏水，设置磁场强度 0.022 T，关闭第二循环阀门，打开第一循环恒流泵，调节毛油流速为 0.0021 m/s，毛油在磁流化床中循环一定时间，将油泵出，离心，检测磷含量。

（1）酶添加量对磷含量的影响。

反应温度设为 50 ℃，pH 调至 8.0，反应 60 min，磁性固定化 PLC 添加量分别为 0.04 g/kg、0.06 g/kg、0.08 g/kg、0.10 g/kg、0.12 g/kg、0.14 g/kg 和 0.16 g/kg。离心后，测定磷含量。

（2）反应温度对磷含量的影响。

磁性固定化 PLC 添加量为 0.12 g/kg，pH 调至 8.0，反应 60 min，反应温度分别为 40 ℃、45 ℃、50 ℃、55 ℃、60 ℃、65 ℃和 70 ℃。离心后，测定磷含量。

（3）反应时间对磷含量的影响。

磁性固定化 PLC 添加量为 0.12 g/kg，pH 调至 8.0，反应温度 50 ℃，反应分别为 20 min、40 min、60 min、80 min、100 min、120 min 和 140 min。离心后，测定磷含量。

（4）pH 对磷含量的影响。

磁性固定化 PLC 添加量为 0.12 g/kg，反应温度 50 ℃，反应 60 min，pH 分别为 6.5、7.0、7.5、8.0、8.5、9.0。离心后，测定磷含量。

5. 固定化 PLC 酶法多效脱胶的优化

固定化 PLC 脱胶优化的因素水平及编码见表 5–1。

表 5–1　固定化酶 Fe_3O_4/SiO_2/HPG–COOH–PLC 脱胶的实验因素与水平

编码	因素		
	酶添加量（g/kg）	pH	温度（℃）
–1	0.08	7.5	55
0	0.10	8.0	60
1	0.12	8.5	65

6. 固定化 PLA_2 酶法多效脱胶单因素试验

取 500g 大豆毛油置于磁流化床的毛油储罐中，在磁流化床中加入一定比例的固定化 PLA_2。设置到指定温度，缓冲液调整 pH，加入 3% 的蒸馏水，设置磁场强度 0.022 T，关闭第一循环阀门，打开第二循环恒流泵，调节毛油流速为 0.0021 m/s，毛油在磁流化床中循环一定时间，将油泵出，离心，检测磷含量。

（1）酶添加量对磷含量的影响。

反应温度设为 50 ℃，pH 调至 6.0，反应 80 min，磁性固定化 PLA_2 添加量分别为 0.04 g/kg、0.06 g/kg、0.08 g/kg、0.10 g/kg、0.12 g/kg、0.14 g/kg 和 0.16 g/kg。离心后，测定磷含量。

（2）反应温度对磷含量的影响。

磁性固定化 PLA_2 添加量为 0.12 g/kg，pH 调至 6.0，反应 80 min，反应温度分别为 40 ℃、45 ℃、50 ℃、55 ℃、60 ℃、65 ℃和 70 ℃。离心后，测定磷含量。

（3）反应时间对磷含量的影响。

磁性固定化 PLA_2 添加量为 0.12 g/kg，pH 调至 6.0，反应温度 50 ℃，反应分别为 20 min、40 min、60 min、80 min、100 min、120 min 和 140 min。离心后，测定磷含量。

（4）pH 对磷含量的影响。

磁性固定化 PLA_2 添加量为 0.12 g/kg，反应温度 50 ℃，反应 80 min，pH 分别为 4.0、4.5、5.0、5.5、6.0、6.5、7.0。离心后，测定磷含量。

7. 固定化 PLA_2 酶法多效脱胶的优化

固定化 PLA_2 脱胶优化的因素水平及编码见表 5-2。

表 5-2　固定化酶 Fe_3O_4/SiO_2-NH_2-sulfo-SMCC-PLA_2 脱胶的优化因素与水平

编码	因素		
	酶添加量（g/kg）	pH	温度（℃）
–1	0.08	5.5	50
0	0.10	6.0	55
1	0.12	6.5	60

8. 磁性固定化磷脂酶在磁流化床中使用时间的研究

将磁性固定化 PLC 与 PLA_2 分别用于固液两相双循环磁流化床毛油脱胶工艺进行连续化脱胶，反应后分离固定化酶，测定酶的相对活力，相对活力高于 80% 的固定化酶继续进行毛油脱胶，相对活力低于 80% 的固定化酶放弃使用，终止试验。

9. 统计与分析

所有试验均重复 3 次，试验结果取平均值和标准误差值，采用 Origin 8.5 统计分析软件进行基础数据整理、分析与作图。单因素的方差使用 SPSS 16.0 软件进行分析，数据的差异显著性采用 Ducan（$P < 0.05$）进行检验。

第二节　固液双循环连续磁流化床的设计

磁酶颗粒连续循环脱除毛油中的磷脂，其前提是液固两相磁流化床主体设备的设计及研制，选取不能被磁化的材料制备液固两相磁流化床，并装有可以产生不同磁场强度的磁场发生器。因为酶解时间较长，则要考虑将多个液固两相磁流化床单体串联起来循环使用，根据试验需要，确定液固两相磁流化床的级数。在磁流化床中对脱胶条件进行优化，最终建立一种磁流化床中酶法连续多效脱胶的新方法。

由于间歇脱胶时间一般大于 3 h，需要串联数十个磁流化床单体，成本极高，并不现实。因此，需设计可循环的五级两相磁流化床。同时，为了实现酶法多效脱胶，需要设计两组循环磁流化床装置，并将两组装置连接使用，从而达到多效脱胶，降低磷含量的目的。为达到良好脱胶效果，首先应使磁酶颗粒在液固双循环两相磁流化床反应系统中达到流态化，其次再进行连续循环，对磷脂进行水解，并可对磁酶颗粒进行回收再利用。液固双循环两相磁流化床大豆毛油脱胶工艺流程如图 5-1 所示。为简化流程图，串联的流化床单体并未全部画出。

从图 5-1 中可以看出，液固两相双循环磁流化床的反应体系主要由磁流化床单体、循环热水罐、动力装置、毛油罐及缓冲液储存罐等组成。

磁酶颗粒在液固两相双循环磁流化床中流态化的操作过程：将净油罐中的一

级大豆油泵入二级液固两相双循环磁流化床内进行循环酶解过程，打开直流电源，将磁酶颗粒从液固磁流化床上端口加入，为了保证体系温度达到稳定状态，故在操作中应将热水循环系统打开，然后调节程序设定的运行参数，让磁酶颗粒在液固两相磁流化床反应体系中能够达到流态化。

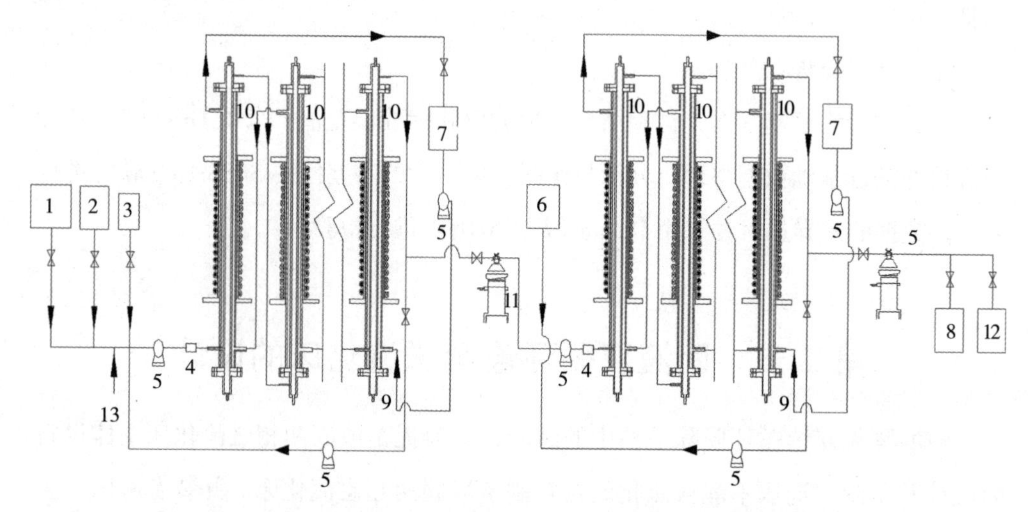

图 5-1　固液两相双循环磁流化床连续循环毛油脱胶工艺流程图

1- 毛油罐　2- 净油罐　3- 第一循环缓冲液储存罐　4- 静态混合　5- 恒流泵
6- 第二循环缓冲液储存罐　7- 循环热水罐　8- 成品油　9- 热水入口
10- 磁流化床　11- 离心分离机　12- 回收罐　13- 蒸馏水入口

磁酶颗粒在液固两相磁流化床内循环脱胶工艺流程：将净油罐内的一级大豆油与第一循环缓冲液储存罐中缓冲液按照一定的比例混合。将净油罐阀门关闭，打开第一循环缓冲液储存罐阀门，按一定比例将液相流体和蒸馏水混合均匀，再经静态混合器与恒流泵泵入第一循环液固磁流化床中，一次反应过后，可经过恒流泵流回第一循环磁流化床进行反复循环脱胶，反应完成后将第一循环磁性流化床反应器出口的混合液进行离心，将缓冲液和磷脂分离出，而反应底物输送到第二循环磁流化床反应器中。将第一循环磁性流化床反应器分离出的反应底物与缓冲液混合，在第二循环磁流化床内进行反应。同理，一次反应过后，可经过恒流泵流回第二循环磁流化床进行反复脱胶，反应完成后将第二循环磁流化床反应器出口的混合液进行离心，将缓冲液和磷脂分离出，油料送入成品油罐，即完成一个完整酶解过程，实现磁酶颗粒在两相流化床中连续循环脱胶的过程。

液固两相双循环磁流化床系统中磁酶颗粒回收基本操作过程：首先将循环恒流罐阀门关闭，此时的磁酶颗粒的循环脱胶反应随即停止，然后将净油罐和回收罐阀门打开，再将直流电源关闭，大豆油流速得到提高，使大豆油与携带磁酶颗粒的混合物质进入回收罐中对其进行磁分离。

第三节 固液磁流化床磁场特性的研究

为两相磁流化床中磁场发生器接上直流电，使液固磁流化床内产生磁场，探究直流电的电流强度和磁场强度之间的转化关系，并对液固磁流化床内不同区域的磁场进行研究，参数选定范围在参考已有研究结果的基础上，结合双循环流化床特性进行研究。

1. *液固磁流化床反应室内的磁场强度与电流强度的关系*

外加磁场是磁流化床不同于普通流化床的主要特征。因此，外加磁场对流化床内的流动特性具有非常显著的影响。磁场是通电的螺线圈产生的，通过改变电流的强度来确定其与电流强度之间的转化关系。试验结果如表 5-3 所示。

表 5-3 电流强度与磁场强度关系

I（A）	0.80	1.00	1.20	1.40	1.60	1.80	2.00	2.20
B（Gs）	110	142	161	190	220	241	283	304
H（T）	0.011	0.014	0.016	0.019	0.022	0.024	0.028	0.030

从表 5-3 中可以看出，随着电流强度的增强，液固磁流化床内的磁场强度也相应增大。通过霍尔磁场强度探测器对液固磁流化床内的磁场强度进行测定，当电流为 0.80 ～ 2.20 A 时，对应产生的磁场强度为 0.011 ～ 0.030 T，通过改变电流的大小就可对液固磁流化床内的磁场强度进行相应调整。

2. *固液磁流化床反应室内的磁场特性*

利用磁场强度探测器测定磁流化床内不同区域的磁场强度，本研究以液固两相磁流化床的直径为横坐标，纵坐标为磁场强度，将原点设置为电磁线圈中心，从缠绕漆包线圈的液固磁流化床顶部到底部，对系列 1 ～系列 6 的磁场强度依次进行检测，结果如图 5–2 所示。

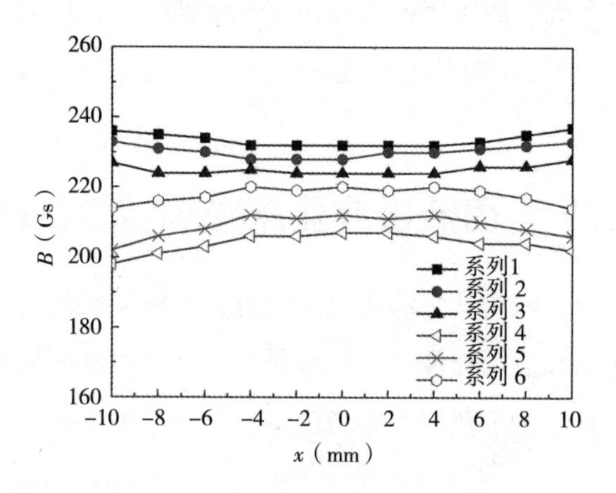

图 5–2　不同区域内磁场强度分布情况

由图 5–2 可以看出，在固液两相磁流化床中心部位，磁场强度的稳定性较好，在电磁线圈较近的区域，在一定范围内磁场强度略有波动，220 Gs 为其波动中心（对应磁场强度应为 0.022 T），磁流化床内部的大部分空间，具有相对稳定的磁场强度。由于线圈仅占用整个磁流化床中较小的区域，所以整个床层可以视作均匀磁场。

3. 液体最适流速的确定

在磁流化床内，设置磁场强度 0.022 T，选择液体流速为 0.0015 ～ 0.0025 m/s，检测液固两相磁流化床单体反应区域内的压力降变化，分别检测流体流速从小到大和从大到小两组数据的压力降，液固磁流化床内流体流化态类型转变时的液体流速和最小流化液速相近，通过床层压力降随液体流速变化的规律，确定最小液体流速，其实验结果如图 5–3 所示。

从图 5–3 中可以看出，流化曲线随着操作顺序的不同而存在差异。随着液体流速逐渐变小时，磁流化床反应区域中的压力降变化波动幅度较小，床层稳定性也较强；当液体流速逐渐变大时，液固两相磁流化床内压力降也逐渐加大。当液体流速大于 0.0021 m/s 时，液固两相磁流化床内压力降基本不会变动，液相最小流速为 0.0021 m/s，因此，选择固液磁流化床中液体的流速为 0.0021 m/s。

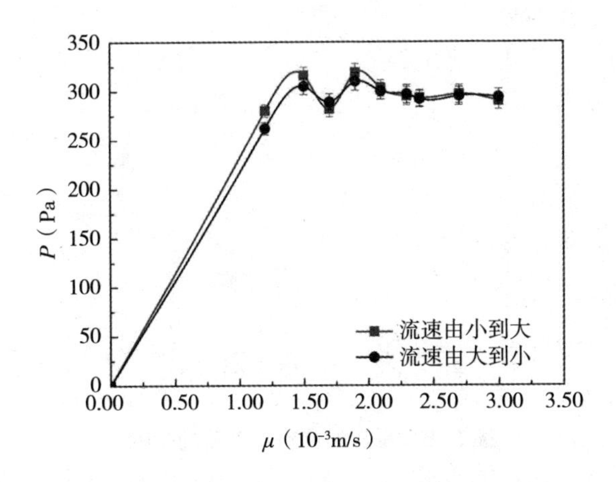

图 5-3　液体流速变化对床层压力降的影响

第四节　定向固定化磷脂酶在磁流化床中连续多效脱胶的优化

1. 定向固定化 PLC 脱胶的单因素试验

以大豆毛油为原料，在液固两相双循环磁流化床中利用第一循环进行连续化脱胶，设置磁场强度为 0.022 T，毛油流速为 0.0021 m/s。以磷含量为指标，分别对固定化 Fe_3O_4/SiO_2/HPG-COOH-PLC 脱胶的酶添加量、温度、时间、pH 进行单因素试验，其结果分别如图 5-4 ～图 5-7 所示。

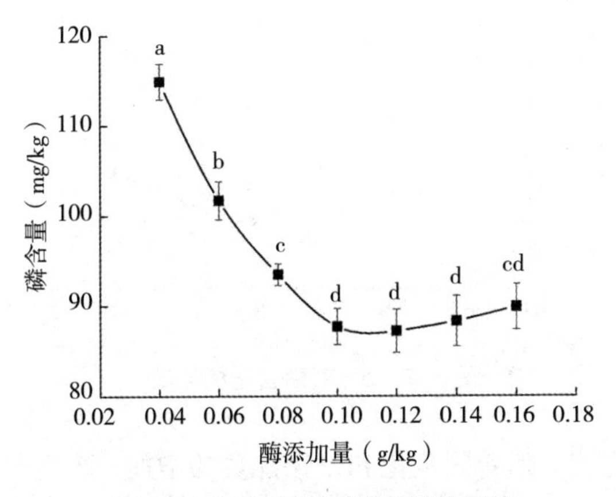

图 5-4　酶添加量对磷含量的影响

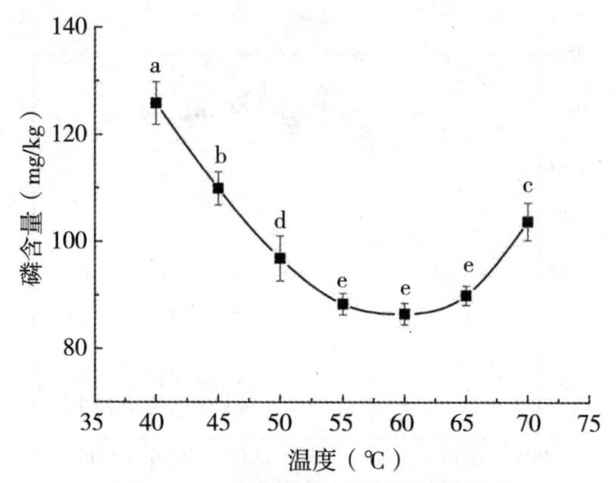

图 5-5　反应温度对磷含量的影响

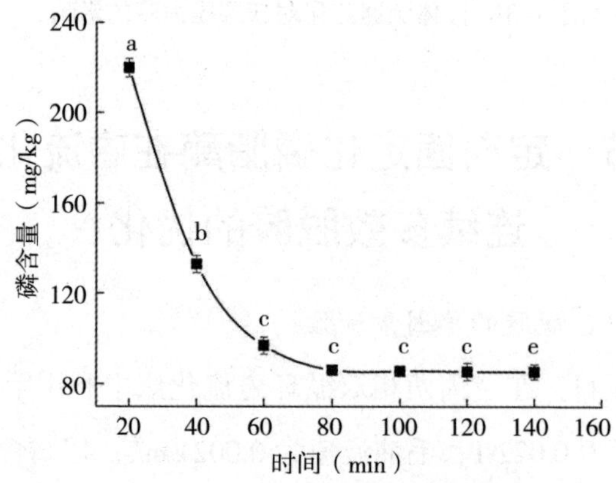

图 5-6　反应时间对磷含量的影响

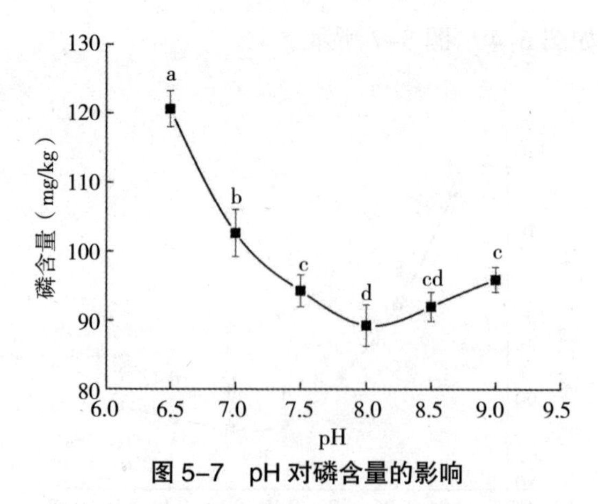

图 5-7　pH 对磷含量的影响

由图 5-4 可以看出，随着固定化 PLC 添加量的增加，产物中磷含量逐渐下降，在添加量大于 0.12 g/kg 后，磷含量略有升高，这是由于过高的磁酶在流化床中，磁酶聚集，密度过大，流体的流动性受到影响，导致酶与油脂接触不够均匀，脱胶效果有所下降。由图 5–5 可知，随着脱胶温度的升高，磷含量呈现先下降后升高的趋势，这与酶的最适温度有关，脱胶温度高于 60 ℃时，温度高于酶的最适温度，温度过高也导致酶的失活。由图 5–6 可知，随着反应时间的延长，产品的磷含量逐渐降低，在 80 min 后，磷含量的下降不明显。由图 5–7 可以看出，磷含量随着 pH 的升高先下降，在 pH 为 8.0 时达到最低值，再增大 pH，产品的磷含量逐渐上升。

2. 定向固定化 PLC 在磁流化床中脱胶条件的优化

依据固定化 Fe_3O_4/SiO_2/HPG–COOH–PLC 的单因素试验数据，在磁流化床中，以大豆毛油为原料，根据 Box–Benhnken 中心组合试验设计原理，采用响应面分析法，以磷含量为主要的考察指标，设定反应时间为 80 min，对固定化 Fe_3O_4/SiO_2/HPG–COOH–PLC 脱胶的影响因素酶添加量、pH 和温度进行优化，确定最佳的脱胶条件。按因素水平及编码设计，试验结果见表 5–4，方差分析结果见表 5–5。

表 5–4　固定化 PLC 脱胶响应面设计方案及试验结果

试验次数	因素			
	酶添加量（g/kg）	pH	温度（℃）	磷含量（mg/kg）
1	–1	0	–1	81.45
2	1	1	0	80.82
3	0	0	0	89.43
4	1	0	–1	85.12
5	0	0	0	85.67
6	0	–1	1	88.03
7	–1	–1	0	88.56
8	1	–1	0	91.26
9	1	0	1	87.21
10	0	1	–1	81.22
11	0	–1	–1	86.45
12	0	0	0	91.04
13	0	1	1	80.73
14	0	0	0	89.67
15	0	0	0	90.14
16	–1	1	0	80.98
17	–1	0	1	89.24

通过多元回归拟合，得到磷含量（R_1）对酶添加量（A）、pH（B）和温度（C）的回归方程为：

$$R_1=81.04-1.57\times A+1.28\times B-0.32\times C-0.43\times AB+1.27\times AC+0.64\times BC+3.5\times A^2+4.36\times B^2+3.31\times C^2$$

表 5–5　固定化 PLC 脱胶方差分析结果

方差来源	自由度	平方和	均方	*F* 值	*P* 值	显著性
模型	9	240.47	26.72	326.06	＜ 0.0001	**
A	1	19.59	19.59	239.11	＜ 0.0001	**
B	1	13.01	13.01	158.71	＜ 0.0001	**
C	1	0.82	0.82	10.00	0.0159	*
AB	1	0.76	0.76	9.24	0.0189	*
AC	1	6.50	6.50	79.35	＜ 0.0001	**
BC	1	1.66	1.66	20.31	0.0028	**
A^2	1	51.65	51.65	630.35	＜ 0.0001	**
B^2	1	79.95	79.95	975.66	＜ 0.0001	**
C^2	1	46.06	46.06	562.11	＜ 0.0001	**
回归	7	0.574	0.082	—	—	—
失拟项	3	0.23	0.075	0.86	0.5304	—
纯误差	4	0.35	0.087	—	—	—
总回归	16	241.04	—	—	—	—

注：* 差异显著（$P<0.05$）；** 差异极显著（$P<0.01$）。

上述模型方程中的 P 低于 0.0001，R^2=99.76%，R^2_{Adj}=99.46% 是方程的回归系数，这证明了该模型响应值的变化来源于自选自变量中的 99.76% 的变化，同理可证明，不能用该模型方程来解释的总变异只占自选自变量中的不到 1%。表 5–5 中详细描述了回归模型方差分析的结果，该模型中的 F 值 =326.06（$P<0.0001$），即该模型极为显著，此模型与实际数据拟合良好，根据上述回归方程绘出响应面分析图，以确认酶添加量、pH 和温度 3 个因素对磷含量的影响，响应面见图 5–8。

图 5–8 中为 3 个变量酶添加量、pH 和温度相互交互的响应面图，从图中两个因素相互交互的趋势可以分析出，在两个因素交互的过程中，如果保持其中一个

变量不变，当增加另外两个变量时，磷含量呈现出开始逐渐下降但达到一定值时又反弹上升的趋势，其中，酶添加量（*A*）和温度（*C*）、pH（*B*）和温度（*C*）之间交互作用极显著。酶添加量（*A*）和 pH（*B*）之间交互作用显著。

应用响应面优化分析方法对回归模型进行分析，寻找最优响应结果见表 5-6。

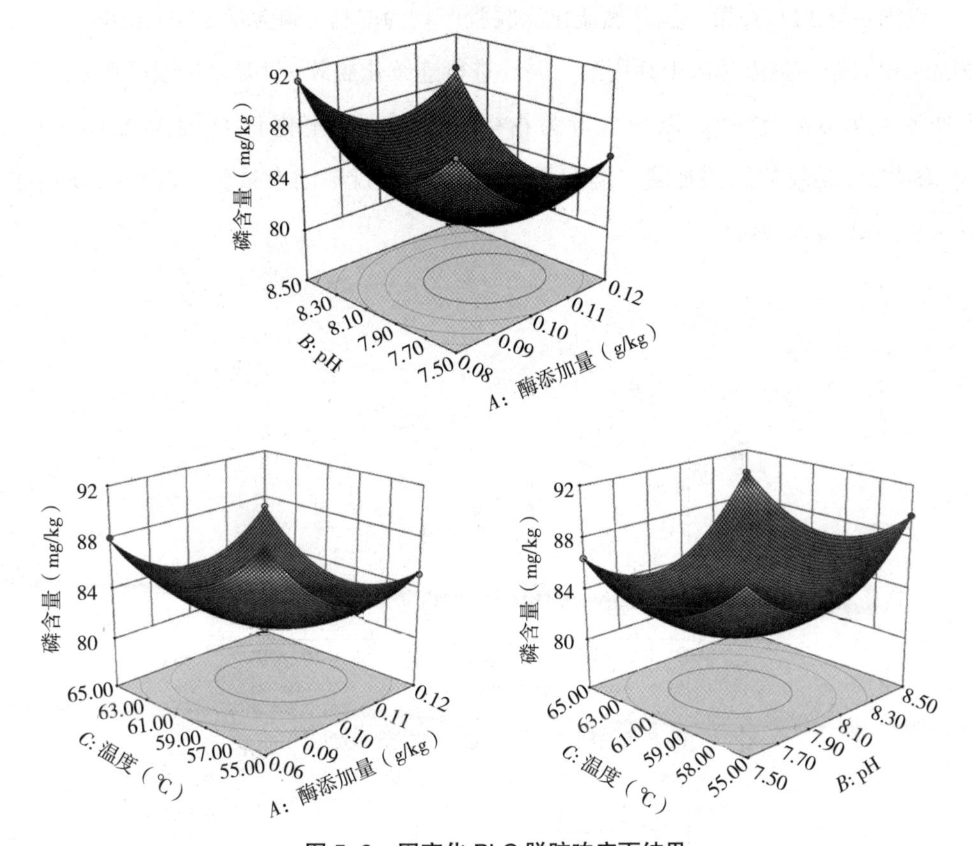

图 5-8　固定化 PLC 脱胶响应面结果

表 5-6　固定化 PLC 脱胶响应面优化结果

因素	实际值转化	整理值	磷含量（mg/kg）
酶添加量（g/kg）	0.09	0.09	82.8816
pH	7.93	7.9	
温度（℃）	60.84	61	

上述响应面试验得到了固定化 PLC 脱胶的最佳反应条件，但还需要对其优化的条件进行检验以验证其结果的可靠性。所以，根据响应面得到的条件进行整理

得到整理值，并依据整理值进行了平行试验，试验结果显示，在整理值条件下磷含量为 82.05 mg/kg，这与预测值十分接近，具有良好的拟合性，以此证实了模型的有效性。

3. 定向固定化 PLA_2 脱胶的单因素试验

以固定化 PLC 在第一循环磁流化床脱胶产物为原料（磷含量 82.05 mg/kg），在液固两相双循环磁流化床中利用第二循环进行连续化脱胶，设置磁场强度 0.022 T，毛油流速为 0.0021 m/s。以磷含量为指标，分别对固定化 Fe_3O_4/SiO_2–NH_2–sulfo-SMCC-PLA_2 脱胶的酶添加量、温度、时间、pH 进行单因素试验，其结果分别如图 5-9 ～图 5-12 所示。

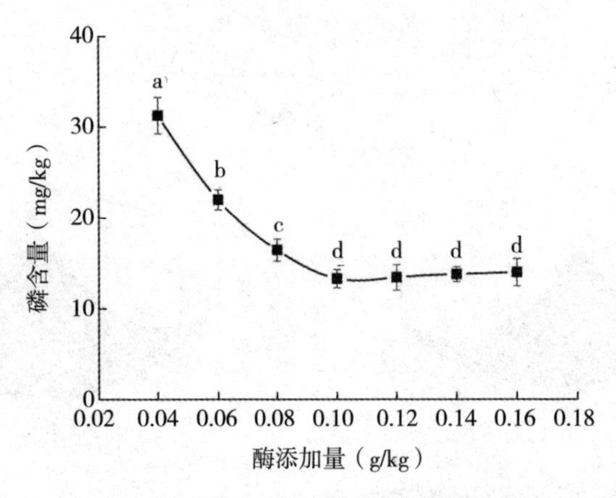

图 5-9 PLA_2 添加量对磷含量的影响

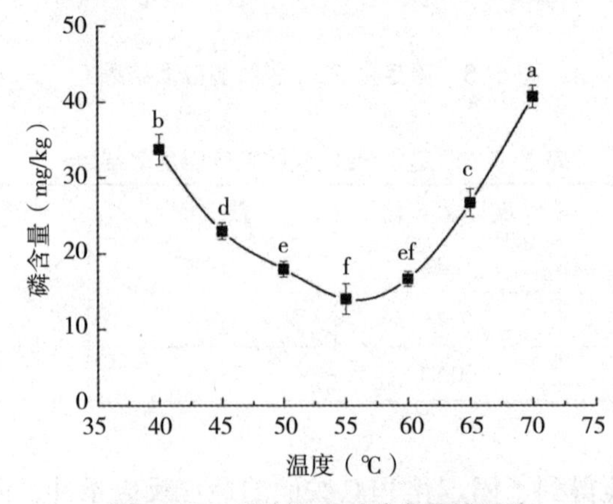

图 5-10 反应温度对磷含量的影响

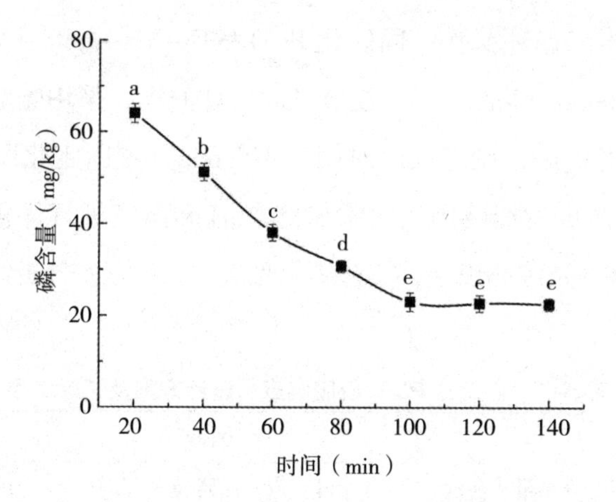

图 5-11　反应时间对磷含量的影响

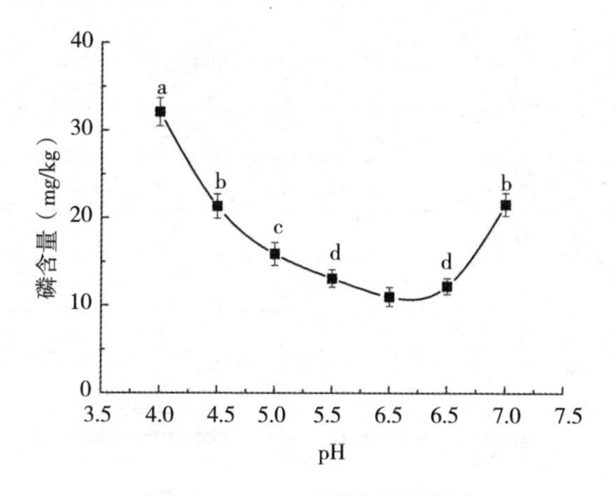

图 5-12　pH 对磷含量的影响

由图 5-9 可知，随着磁酶添加量的增加，产品的磷含量逐渐降低，在达到 0.10 g/kg 后，继续增加添加量，磷含量略有上升。由图 5-10 可以看出，在低于 55 ℃时，产物的磷含量逐渐降低，脱胶温度超过 55 ℃后，磷含量迅速上升。由图 5-11 可知，随着反应时间的延长，产品的磷含量逐渐下降，100 min 后，产物的磷含量几乎不再降低。由图 5-12 可以看出，随着 pH 的升高，产品的磷含量呈现先降低再升高的趋势，在 pH 为 6.0 时，达到最低值。

4. 定向固定化 PLA_2 在磁流化床中脱胶条件的优化

依据固定化酶 $Fe_3O_4/SiO_2-NH_2-sulfo-SMCC-PLA_2$ 的单因素试验数据，在磁流化床中，以经过固定化 PLC 酶解后的大豆油为原料（磷含量 82.05 mg/kg），进行酶法多效脱胶的第二循环操作，固定化 Fe_3O_4/SiO_2–NH_2–sulfo–SMCC–PLA_2 酶法脱胶的优化。根据 Box–Benhnken 中心组合试验设计原理，采用响应面分析法，以磷含量为主要的考察指标，设定反应时间为 100 min，对固定化酶 Fe_3O_4/SiO_2–NH_2–sulfo–SMCC–PLA_2 脱胶的影响因素酶添加量、pH 和温度进行优化，确定最佳的脱胶条件。按因素水平及编码设计，实验结果见表 5–7，方差分析结果见表 5–8。

表 5–7　固定化 PLA_2 脱胶响应面设计方案及试验结果

试验次数	因素			
	酶添加量（g/kg）	pH	温度（℃）	磷含量（mg/kg）
1	–1	0	–1	10.56
2	0	–1	1	8.10
3	–1	0	1	10.65
4	0	1	–1	8.17
5	1	–1	0	7.42
6	0	1	1	8.78
7	0	–1	–1	9.28
8	1	0	1	6.97
9	0	0	0	4.88
10	0	0	0	4.92
11	1	0	–1	7.87
12	0	0	0	4.67
13	0	0	0	4.84
14	–1	–1	0	10.37
15	1	1	0	7.15
16	–1	1	0	9.63
17	0	0	0	4.75

通过对试验数据进行多元回归拟合，得到磷含量（R_1）对酶添加量（A）、pH（B）和温度（C）的回归方程为：

$$R_1=+4.81-1.47\times A-0.18\times B-0.17\times C+0.12\times AB-0.25\times AC+0.45\times BC+2.13\times A^2+1.70\times B^2+2.07\times C^2$$

表 5–8　固定化 PLA_2 脱胶方差分析结果

方差来源	自由度	平方和	均方	*F* 值	*P* 值	显著性
模型	9	74.06	8.23	286.87	＜ 0.0001	**
A	1	17.40	17.40	606.81	＜ 0.0001	**
B	1	0.26	0.26	9.04	0.0198	*
C	1	0.24	0.24	8.30	0.0236	*
AB	1	0.055	0.055	1.93	0.2078	—
AC	1	0.25	0.25	8.54	0.0223	*
BC	1	0.80	0.80	27.93	0.0011	**
A^2	1	19.11	19.11	666.15	＜ 0.0001	**
B^2	1	12.17	12.17	424.36	＜ 0.0001	**
C^2	1	18.05	18.05	629.16	＜ 0.0001	**
回归	7	0.20	0.029	—	—	—
失拟项	3	0.16	0.053	5.18	0.0729	—
纯误差	4	0.041	0.010	—	—	—
总回归	16	74.26	—	—	—	—

注：* 差异显著（$P < 0.05$）；** 差异极显著（$P < 0.01$）。

由表 5–8 可以看出，方程的自变量和因变量间具有显著的线性关系，该模型回归显著，失拟项不显著，R^2=99.73%，R^2_{Adj}=99.38%，整体模型 F= 286.87，$P < 0.0001$，说明该模型与试验具有良好的拟合性。模型中的调整系数 R^2_{Adj} =0.9938，说明 99.38% 的响应值变化可以通过模型进行解释，相关系数 R^2 =0.9973，说明该模型与试验拟合良好。可以用此模型来分析和预测磷含量。根据上述回归方程绘出响应面分析图，以确认酶添加量、pH 和温度 3 个因素对磷含量的影响，响应面见图 5–13。

图 5–13 中为 3 个变量酶添加量、pH 和温度相互交互的响应面图，从图中两个因素相互交互的趋势可以分析出，在两个因素交互的过程中，如果保持其中一个变量不变，当增加另外两个变量时，磷含量呈现出开始逐渐下降但达到一定值时又反弹上升的趋势，其中，pH（*B*）和温度（*C*）之间交互作用极为显著，酶添加量（*A*）和温度（*C*）之间交互作用较为显著，酶添加量（*A*）和 pH（*B*）之间交互作用对磷含量的影响相对较小。

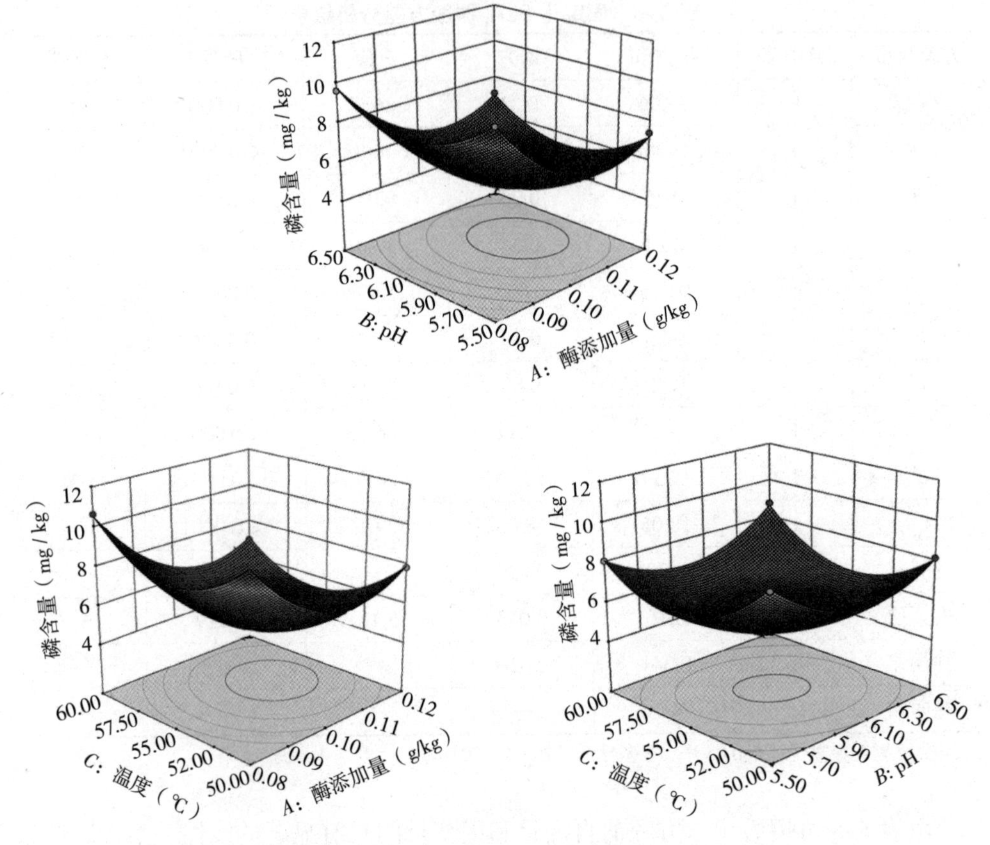

图 5-13 固定化 PLA_2 脱胶响应面结果

应用响应面优化分析方法对回归模型进行分析，寻找最优响应结果见表 5-9。

表 5-9 固定化 PLA_2 脱胶响应面优化结果

因素	实际值转化	整理值	磷含量（mg/kg）
酶添加量（g/kg）	0.11	0.11	4.54676
pH	6.02	6.0	
温度（℃）	55.30	55	

上述响应面试验得到了固定化 PLA_2 脱胶的最佳条件，但需要对其优化的条件进行检验，以验证其结果的可靠性。根据响应面得到的条件，整理得到整理值，并依据整理值进行了平行试验，试验结果显示，在整理值条件下磷含量为4.50 mg/kg，这与响应面优化的预测值十分接近，具有良好的拟合性，验证了模型的有效性。

第五节　定向固定化磷脂酶在磁流化床中连续使用时间

将磁性固定化酶 Fe_3O_4/SiO_2/HPG–COOH–PLC 和 Fe_3O_4/SiO_2–NH_2–sulfo–SMCC–PLA_2 用于磁流化床中的多效脱胶工艺，反应后对磁酶进行回收，以相对酶活为指标，考察磁酶的重复使用性，相对酶活力低于 80% 时终止试验，所得结果如图 5–14、图 5–15 所示。

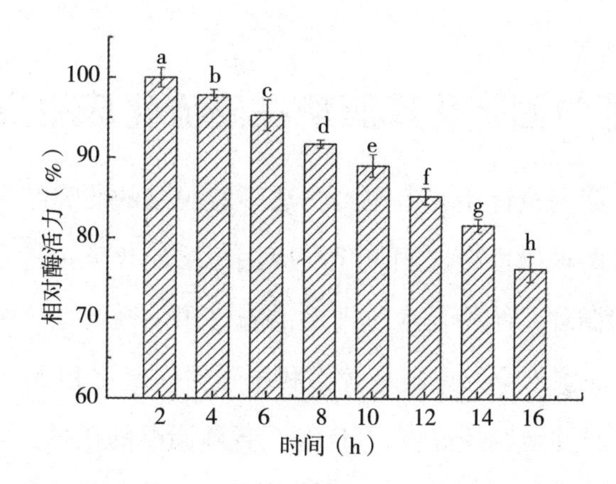

图 5–14　磁性固定化 Fe_3O_4/SiO_2/HPG–COOH–PLC 的有效使用时间

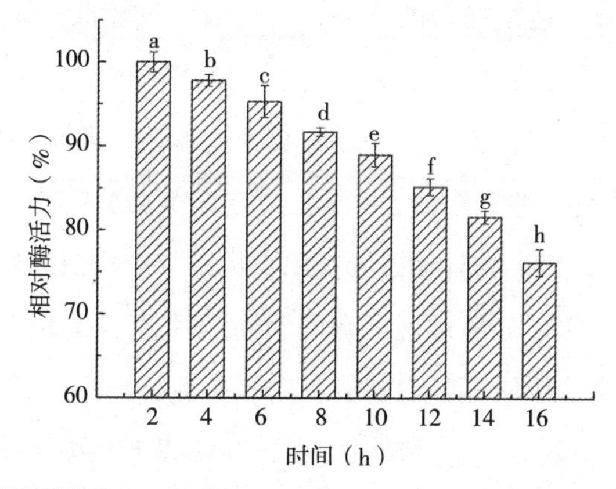

图 5–15　磁性固定化 Fe_3O_4/SiO_2–NH_2–sulfo–SMCC–PLA_2 的有效使用时间

本研究中定义磁酶颗粒相对活力低于 80% 时即为失活磁酶颗粒。由图 5–14 和图 5–15 可以看出，随着磁酶颗粒使用次数增加，两种磁酶颗粒相对活力均逐渐降低。当磁性固定化酶 Fe_3O_4/SiO_2/HPG–COOH–PLC 连续使用 12 h 后，磁酶颗粒相对活力下降为80.9%±1.30%，继续使用纳米磁酶颗粒至14 h，其相对活力下降到75.8%±1.00%；当磁性固定化酶Fe_3O_4/SiO_2-NH_2-sulfo-SMCC-PLA_2连续使用14 h，磁酶颗粒相对活力下降为81.6%±0.80%，继续使用纳米磁酶颗粒至16 h，其相对活力下降到76.2%±1.60%。使用时间较长，相对酶活低于80%的主要原因是磁酶颗粒长时间酶解磷脂，酶解环境会对磁酶颗粒结构产生一定的影响，且酶解产物中溶血磷脂酸（HPA）会覆盖到纳米磁酶颗粒表面形成薄膜，造成磁酶颗粒活性中心的空间位阻，磁酶颗粒蛋白分子空间构象发生一定程度的改变，造成了酶的失活。

第六节　定向固定化磷脂酶在磁流化床中应用的讨论

本书在磁流化床的设计中，考虑到酶法多效脱胶的研究结果，设计了固液双循环磁流化床。将两种磁性定向固定化酶应用于磁流化床中进行连续多效脱胶，分别在两个串联的循环系统中反应，即毛油先在第一循环系统中利用磁性固定化PLC脱胶，再将毛油泵入第二循环系统，利用磁性固定化PLA_2脱胶。在每个循环系统中，都可以针对性地调控温度、pH等至各磷脂酶的最适反应条件，从而最大限度地发挥两种固定化磁酶的活性，降低产品的磷含量。与单一酶法脱胶相比，其不仅具有短时高效、连续简便的优势，而且磷含量较低，能达到非常理想的脱胶效果。可见，利用固液双循环磁流化床进行连续多效脱胶，有着较好的应用前景。

此外，固定化酶的回收率一直是影响其大范围推广与应用的重要因素之一，Fe_3O_4磁性物质的引入，使得固定化酶回收的方式得到了扩展。磁性载体具有独特的优势，因其具有顺磁性，在外加磁场作用下可以与产物快速分离，比传统固定化载体分离更彻底，简化了分离过程，有利于连续性的工业生产。本研究对固定化磁酶进行了连续重复使用研究，在固液双循环磁流化床中，磁性固定化PLC连续使用12 h后，磁酶颗粒相对活力依然保持在80 %以上，按照试验结果，每次PLC脱胶时间80 min，12 h相当于间歇脱胶重复使用9次；磁性固定化PLA_2连续使用14 h后，磁酶颗粒相对活力依然保持在80 %以上，按照试验结果，每次PLA_2脱胶时间为100 min，14 h相当于间歇脱胶重复使用8.5次。这已经高于磁性非定向固定化磷脂酶重复使用4次的结果，由此证明，定向固定化后，由于酶的活性中心暴露在外，更好地保持了其结构与活性，在反应过程中酶的活性得到了充分发挥，连续高效的使用时间较长。另外，由于在磁流化床中脱胶，不仅避免了传统脱胶方式中机械搅拌对固定化酶的剪切，还可以同时兼顾两种固定化磷脂酶的最适反应条件，在一定程度上保护了固定化酶的活力。定向固定化磷脂酶高效地持续循环使用，为其广泛地应用提供了可能。

将两种磁性定向固定化磷脂酶应用于自制的磁流化床中，确定了最佳磁场强度及液体流速，磁酶分布状态稳定。优化得到定向固定化磁酶 Fe_3O_4/SiO_2/HPG-COOH-PLC 连续脱胶的最佳条件，大豆油脂磷含量降低至 82.05 mg/kg。将经定向固定化 PLC 水解后的油脂泵入第二循环磁流化床中，优化得到定向固定化磁酶 Fe_3O_4/SiO_2-NH_2-sulfo-SMCC-PLA_2 连续脱胶的最佳条件，所得产品的磷含量为 4.50 mg/kg。两种固定化磁酶均可在磁流化床中连续、高效、长时间使用。通过两种定向固定化磷脂酶在固液双循环磁流化床中连续多效脱胶，实现了磁酶连续酶解底物并分离，为工业化生产提供理论支撑。

致 谢

在专著完成之际，首先要感谢的是我的博士生导师于殿宇教授和田波教授。在两位老师的教诲和帮助下，我得以悉心钻研，并有机会在实验室开展工作。

感谢师弟、师妹们在实验和专著撰写过程中给予我的帮助。感谢实验和专著完成过程中帮助过我的老师、同学、同事们。

最后，对我的母校东北农业大学、我的工作单位哈尔滨学院、我的博士后科研工作站九三粮油工业集团有限公司致以最崇高的敬意！

参考文献

[1] Vance J E. Phosphoplipid Synthesis and Transport in Mammalian Cells[J]. Traffic, 2015, 16(1): 1–18.

[2] Szydłowska–Czerniak A, Łaszewska A. Optimization of a soft degumming process of crude rapeseed oil—Changes in its antioxidant capacity[J]. Food and Bioproducts Processing, 2017, 105:26–35.

[3] Sehn G A R, Gonçalves L A G, Ming C C. Ultrafiltration–based degumming of crude rice bran oil using a polymer membrane[J]. Grasas Y Aceites, 2016, 67(1): 1–8.

[4] Mahmood–Fashandi H, Ghavami M, Gharachorloo M, et al. Using of Ultrasonic in Degumming of Soybean and Sunflower Seed Oils: Comparison with the Conventional Degumming[J]. Journal of Food Processing and Preservation, 2017, 41(1): 1–7.

[5] More N S, Gogate P R. Ultrasound assisted enzymatic degumming of crude soybean oil[J]. Ultrasonics Sonochemistry, 2018, 42:805–813.

[6] Sampaio K A, Zyaykina N, Wozniak B, et al. Enzymatic degumming: Degumming efficiency versus yield increase[J]. European Journal of Lipid Science and Technology, 2015, 117(1): 81–86.

[7] Clausen K. Enzymatic oil - degumming by a novel microbial phospholipase[J]. European Journal of Lipid Science and Technology, 2015, 103(6): 333–340.

[8] Bora L. Characterization of novel phospholipase C from Bacillus licheniformis, MTCC 7445 and its application in degumming of vegetable oils[J]. Applied Biochemistry and Microbiology, 2013, 49(6): 555–561.

[9] Singhania T, Sinha H, Das P, et al. Efficient degumming of rice bran oil by immobilized PLA_1 from Thermomyces lanuginosus[J]. Food Technology and Biotechnology, 2015, 53(1): 91.

[10] Borrelli G M, Trono D. Recombinant lipases and phospholipases and their use as biocatalysts for industrial applications[J]. International Journal of Molecular Sciences, 2014, 16(16): 20774–20840.

[11] G. Gofferjé , J. Motulewicz, A. Stäbler, et al. Enzymatic degumming of crude jatropha oil: evaluation of impact factors on the removal of phospholipids[J]. Journal of the American Oil Chemists Society, 2014,

91(12): 2135–2141.

[12] Jiang X, Chang M, Wang X, et al. A comparative study of phospholipase A_1, and phospholipase C on soybean oil degumming[J]. Journal of the American Oil Chemists' Society, 2014, 91(12): 2125–2134.

[13] Li Z, Liu H, Zhao G, et al. Enhancing the performance of a phospholipase A_1, for oil degumming by bio–imprinting and immobilization[J]. Journal of Molecular Catalysis B Enzymatic, 2016, 123:122–131.

[14] Yu D, Ma Y, Jiang L, et al. Optimization of magnetic immobilized phospholipase A_1, degumming process for soybean oil using response surface methodology[J]. European Food Research and Technology, 2013, 237(5): 811–817.

[15] Eba C, Okano A, Nakano H, et al. A chromogenic substrate for solid–phase detection of phospholipase A_2[J]. Analytical Biochemistry, 2014, 447(1): 43–45.

[16] Wei T, Xu C, Yu X, et al. Characterization of a novel thermophilic phospholipase B from Thermotoga lettingae TMO: applicability in enzymatic degumming of vegetable oils[J]. Journal of Industrial Microbiology and Biotechnology, 2015, 42(4): 515–522.

[17] Ye Z, Qiao X, Luo Z, et al. Optimization and comparison of water degumming and phospholipase C degumming for rapeseed oil[J]. CyTA – Journal of Food, 2016, 14:1–9.

[18] Damnjanović J, Iwasaki Y. Phospholipase D as a catalyst: application in phospholipid synthesis, molecular structure and protein engineering[J]. Journal of Bioscience and Bioengineering, 2013, 116(3): 271–280.

[19] 冀楠，熊昌武，肖俊川，等.植物油酶法脱胶通用条件的研究 [J]. 中国油脂，2016, 41(2): 9–12.

[20] Lamas D L, Constenla D T, Raab D. Effect of degumming process on physicochemical properties of sunflower oil[J]. Biocatalysis and Agricultural Biotechnology, 2016, 6:138–143.

[21] Jiang X, Chang M, Jin Q, et al. Application of phospholipase A_1, and phospholipase C in the degumming process of different kinds of crude oils[J]. Process Biochemistry, 2015, 50(3): 432–437.

[22] Elena C, Menzella H G, Castelli M E, et al. B. cereus phospholipase C engineering for efficient degumming of vegetable oil[J]. Process Biochemistry, 2017, 54: 67–72.

[23] Huang S, Liang M L, Xu Y H, et al. Characteristics and vegetable oils degumming of recombinant

phospholipase B[J]. Chemical Engineering Journal, 2014, 237(2): 23–28.

[24] Su L, Ji D, Tao X, et al. Recombinant expression, characterization, and application of a phospholipase B from fusarium oxysporum[J]. Journal of Biotechnology, 2017, 242:92.

[25] 蒋晓菲 . 磷脂对食用油品质的影响及酶法脱胶技术的研究 [D]. 无锡：江南大学 , 2015.

[26] 程实 , 王长坤 , 张梁 , 等 . 复合重组磷脂酶用于大豆油脱胶的工艺优化 [J]. 食品科学 , 2016, 37(18): 13–18.

[27] Dayton C L, Galhardo F. Enzymatic degumming utilizing a mixture of PLA and PLC phospholipases[P]. 美国专利 . US20080182322 A1. 2008.

[28] Yin D H, Liu W, Wang Z X, et al. Enzyme–catalyzed direct three–component Aza–Diels–Alder reaction using lipase from Candida sp. 99–125[J]. Chinese Chemical Letters, 2016, 28: 153–158.

[29] Li R, Li Z L, Zhou H Y, et al. Enzyme–catalyzed asymmetric construction of chiral tertiary alcohols via aldol reaction using proteinase[J]. Journal of Molecular Catalysis B Enzymatic, 2016, 126:90–98.

[30] Ajmal M, Fieg G, Keil F. Analysis of process intensification in enzyme catalyzed reactions using ultrasound[J]. Chemical Engineering and Processing Process Intensification, 2016, 110:106–113.

[31] Grubhofer N, Schleith L. Modifizierte lonenaustauscher als spezifische Adsorbentien[J]. The Science of Nature, 1953, 40(19): 508–508.

[32] Ozyilmaz G, Gezer E. Production of aroma esters by immobilized Candida rugosa and porcine pancreatic lipase into calcium alginate gel[J]. Journal of Molecular Catalysis B: Enzymatic, 2010,64(3–4): 140–145.

[33] Uygun D A, Corman F M E, Ozturk K, et al. Poly nanospheres and their utilization as affinity adsorbents for porcine pancreas lipase adsorption[J]. Materials Science and Engineering C, 2010,30: 1285–1290.

[34] Bahar T, Celebi S S. Performance of immobilized glucoamylase in a magnetically stabilized fluidized bed reactor(MSFBR)[J]. Enzyme Microbial Technology, 2000,26: 28–33.

[35] Mendes A A, Oliveira P C, Castro H F. Properties and biotechnological applications of porcine pancreatic lipase[J]. Journal of Molecular Catalysis B: Enzymatic, 2012,78: 119–134.

[36] Zucca P, Sanjust E. Inorganic materials as supports for covalent enzyme immobilization: methods and

mechanisms[J]. Cheminform, 2014, 19(9): 14139–14194.

[37] Wang J, Zhao G, Yu F. Facile preparation of Fe_3O_4 @MOF core–shell microspheres for lipase immobilization[J]. Journal of the Taiwan Institute of Chemical Engineers, 2016, 69:1–7.

[38] Khoobi M, Motevalizadeh S F, Asadgol Z, et al. Polyethyleneimine–modified superparamagnetic Fe_3O_4, nanoparticles for lipase immobilization: Characterization and application[J]. Materials Chemistry and Physics, 2015,149 - 150:77–86.

[39] Zang L, Qiu J, Wu X, et al. Preparation of magnetic chitosan nanoparticles as support for cellulase immobilization[J]. Industrial and Engineering Chemistry Research, 2014, 53(9): 3448 - 3454.

[40] Ramanathan K, Pandey S S, Kumar R, et al. Covalent immobilization of glucose oxidase to poly(O - amino benzoic acid) for application to glucose biosensor[J]. Journal of Applied Polymer Science, 2015, 78(3): 662–667.

[41] Jiang B, Yang K, Zhang L, et al. Dendrimer–grafted graphene oxide nanosheets as novel support for trypsin immobilization to achieve fast on–plate digestion of proteins[J]. Talanta, 2014, 122:278–284.

[42] Liu N, Fu M, Wang Y, et al. Immobilization of lecitase® ultra onto a novel polystyrene DA–201 resin: characterization and biochemical properties[J]. Applied Biochemistry and Biotechnology, 2012, 168(5): 1108–1120.

[43] Zhan J F, Jiang S T, Pan L J. Immobilization of phospholipase a1 using a polyvinyl alcohol–alginate matrix and evaluation of the effects of immobilization[J]. Brazilian Journal of Chemical Engineering, 2013, 30(4): 721–728.

[44] Yu D, Jiang L, Li Z, et al. Immobilization of phospholipase A_1 and its application in soybean oil degumming[C]// Proceedings of the 2009 international workshop on Intercultural collaboration. ACM, 2011:233–236.

[45] Li D, Qin X, Wang W, et al. Synthesis of DHA/EPA–rich phosphatidylcholine by immobilized phospholipase A_1: effect of water addition and vacuum condition[J]. Bioprocess and Biosystems Engineering, 2016, 39(8): 1305–1314.

[46] Kim J, Lee C S, Oh J, et al. Production of egg yolk lysolecithin with immobilized phospholipase A_2[J]. Enzyme and Microbial Technology, 2001, 29(10): 587–592.

[47] Yu D, Ma Y, Jiang L, et al. Stability of soybean oil degumming using immobilized phospholipase A_2[J]. Journal of Oleo Science, 2014, 63(1): 25.

[48] Wang X G, Qiu A Y, Tao W Y, et al. Synthesis of phosphatidylglycerol from soybean lecithin with immobilized phospholipase D[J]. Journal of the American Oil Chemists Society, 1997, 74(2): 87–91.

[49] Li B, Wang J, Zhang X, et al. An enzyme net coating the surface of nanoparticles: a simple and efficient method for the immobilization of phospholipase D[J]. Industrial and Engineering Chemistry Research, 2016, 55(40).

[50] Lee S, Ahn J, Kim Y G, et al. Gamma–Aminobutyric acid production using immobilized glutamate decarboxylase followed by downstream processing with cation exchange chromatography[J]. International Journal of Molecular Sciences, 2013, 14(1): 1728–1739.

[51] Wang Y, Xia M, Wu Y, et al. Responsive P(NIPAM–co–AA) particle–functionalized magnetic microspheres[J]. Australian Journal of Chemistry, 2014, 67(1): 134–141.

[52] 琚彩霞 . 磁性纳米材料的制备及固定化海洋脂肪酶 ADM47601 的研究 [D]. 上海：上海海洋大学 , 2013.

[53] Rao S D, Tylavsky D J, Feng Y. Estimating the saddle–node bifurcation point of static power systems using the holomorphic embedding method[J]. International Journal of Electrical Power and Energy Systems, 2017, 84:1–12.

[54] 袁定重 , 张秋禹 , 张和鹏 , 等 . 磁性高分子微球研究进展及其在生化分离中的应用 [J]. 材料科学与工程学报 , 2006, 24(2): 306–310.

[55] Mu X, Qiao J, Qi L, et al. Poly(2–Vinyl–4,4–dimethylazlactone)–functionalized magnetic nanoparticles as carriers for enzyme immobilization and its application[J]. Acs Applied Materials and Interfaces, 2014, 6(23): 21346–21354.

[56] 杨松 . 磁性中空 / 多孔纳米复合微球的制备、功能化及机理研究 [D]. 合肥：中国科学技术大学 , 2009.

[57] Liu B, Zhang W, Yang F, et al. Facile method for synthesis of Fe_3O_4@polymer microspheres and their application as magnetic support for loading metal nanoparticles[J]. Journal of Physical Chemistry C, 2011, 115(32): 15875–15884.

[58] Song J L, Jie H, Bai L L. Use of chemically modified PMMA microspheres for enzyme immobilization[J]. Biosystems, 2004,77: 25–32.

[59] Matyjaszewski K, Gaynor S, Greszta D, et al. Synthesis of well defined polymers by controlled radical polymerization[J]. Macromolecular Symposia, 2015, 98(1): 73–89.

[60] Luo X, Zhang L. Immobilization of penicillin g acylase in epoxy–activated magnetic cellulose microspheres for improvement of biocatalytic stability and activities[J]. Biomacromolecules, 2010, 11(11): 2896–903.

[61] Tural S, Tural B, Demir A S. Heterofunctional magnetic metal - chelate - epoxy supports for the purification and covalent immobilization of benzoylformate decarboxylase from pseudomonas putida and its carboligation reactivity[J]. Chirality, 2015, 27(9): 635–642.

[62] Chen W, Dong C, Liu C, et al. Removal of aqueous trace atrazine by aminated magnetic chitosan[J]. Journal of Huazhong University of Science and Technology, 2013, 41(12): 123–127.

[63] 陈永乐 . 氨基修饰的磁性聚合物微球对水中重金属离子吸附与回收 [D]. 泉州：华侨大学，2012.

[64] Jiang W, Sun F, Zeng Y, et al. Preparation and application of separable magnetic Fe_3O_4–SiO_2–APTES–Ag_2O composite particles with high visible light photocatalytic performance[J]. Journal of Environmental Chemical Engineering, 2018, 6(1): 945–954.

[65] Liu T F, Liu Q, Wang J. Preparation and cellular separation application of carboxylated magnetic microspheres[J]. Chemical Engineer, 2011.

[66] Gu Y J, Zhu M L, Li Y L, et al. Research of a new metal chelating carrier preparation and papain immobilization[J]. International Journal of Biological Macromolecules, 2018, 112, 1175–1182.

[67] Turcheniuk K, Tarasevych A V, Kukhar V P, et al. Recent advances in surface chemistry strategies for the fabrication of functional iron oxide based magnetic nanoparticles[J]. Nanoscale, 2013, 5(22): 10729–10752.

[68] 李佳男，谢湉，胡升，等 . 羧基化磁性微球固定化谷氨酸脱羧酶 [J]. 化工学报，2017, 68(4): 1550–1557.

[69] 杨兆壬 . 表面羧基化 Fe_3O_4 磁性微球固定化 CA 酶的制备与研究 [D]. 泉州：华侨大学，2014.

[70] Kralj S, Drofenik M, Makovec D. Controlled surface functionalization of silica-coated magnetic nanoparticles with terminal amino and carboxyl groups[J]. Journal of Nanoparticle Research, 2010, 13(7): 2829–2841.

[71] Tudisco C, Cambria M T, Sinatra F, et al. Multifunctional magnetic nanoparticles for enhanced intracellular drug transport[J]. Journal of Materials Chemistry B, 2015, 3(20): 4134–4145.

[72] Yudhisthira Sahoo, Hillel Pizem , Tcipi Fried , et al. Alkyl phosphonate/phosphate coating on magnetite nanoparticles: A comparison with fatty acids[J]. Langmuir, 2001, 17(25): 7907–7911.

[73] Li Y, Jia X, Yu C, et al. Screening of inhibitors of glycogen synthase kinase–3β from traditional Chinese medicines using enzyme–immobilized magnetic beads combined with high–performance liquid chromatography[J]. Journal of Chromatography A, 2015, 1425:8–16.

[74] Xie W, Zang X. Covalent immobilization of lipase onto aminopropyl–functionalized hydroxyapatite–encapsulated–γ–Fe_2O_3 nanoparticles: A magnetic biocatalyst for interesterification of soybean oil[J]. Food Chemistry, 2017, 227:397–403.

[75] Xie W, Wang J. Immobilized lipase on magnetic chitosan microspheres for transesterification of soybean oil[J]. Biomass and Bioenergy, 2012, 36(328): 373–380.

[76] Raita M, Arnthong J, Champreda V, et al. Modification of magnetic nanoparticle lipase designs for biodiesel production from palm oil[J]. Fuel Processing Technology, 2015, 134:189–197.

[77] Mukherjee J, Gupta M N. Lipase coated clusters of iron oxide nanoparticles for biodiesel synthesis in a solvent free medium[J]. Bioresource Technology, 2016, 209:166.

[78] Kopp W, Silva F A, Lima L N, et al. Synthesis and characterization of robust magnetic carriers for bioprocess applications[J]. Materials Science and Engineering B, 2015, 193:217–228.

[79] Qu Y, Sun L, Li X, et al. Enzymatic degumming of soybean oil with magnetic immobilized phospholipase A 2[J]. LWT – Food Science and Technology, 2016, 73:290–295.

[80] Yu D, Ma Y, Xue S J, et al. Characterization of immobilized phospholipase A 1, on magnetic nanoparticles for oil degumming application[J]. LWT – Food Science and Technology, 2013, 50(2): 519–525.

[81] 韩志萍，叶剑芝，罗荣琼．固定化酶的方法及其在食品中的应用研究进展 [J]. 保鲜与加工，

2012, 12(5): 48–53.

[82] Steen R E, Ta D T, Cortens D, et al. Protein engineering for directed immobilization[J]. Bioconjugate Chemistry, 2013, 24(11): 1761–1777.

[83] 邵文海，张先恩，Anthony E. 固定化酶的空间取向控制策略 [J]. 生物技术通报，2000(3): 25–28.

[84] Dutta, Saikat, Wu, et al. ChemInform abstract: enzymatic breakdown of biomass: enzyme active sites, immobilization, and biofuel production[J]. ChemInform, 2015, 45(51): 4615–4626.

[85] Lee Y K, Sohn Y S, Lim J O. Directional immobilization of antibody in a SPR sensor using EDC–activated protein A[J]. Proceedings of SPIE – The International Society for Optical Engineering, 2013, 8879(20): 4007–4013.

[86] Holland Nell K, Beck–Sickinger A G. Specifically immobilised aldo/keto reductase AKR_1A_1 shows a dramatic increase in activity relative to the randomly immobilised enzyme[J]. Chem Bio Chem, 2007, 8(9): 1071–1076.

[87] Tominaga J, Kamiya N, Doi S, et al. Design of a specific peptide tag that affords covalent and site–specific enzyme immobilization catalyzed by microbial transglutaminase[J]. Biomacromolecules, 2005, 6(4): 2299–2304.

[88] Hernandez K, Fernandez–Lafuente R. Control of protein immobilization： Coupling immobilization and site–directed mutagenesis to improve biocatalyst or biosensor performance[J]. Enzyme and Microbial Technology, 2011, 48(2): 107–122.

[89] Vishwanath S, Wang J, Bachas L G, et al. Site–directed and random immobilization of subtilisin on functionalized membranes: activity determination in aqueous and organic media[J]. Biotech Bioeng, 1998, 60: 608–614.

[90] Jo Tominaga, Noriho Kamiya, Satoshi Doi, et al. Design of a specific peptide tag that affords covalent and site–specific enzyme immobilization catalyzed by microbial transglutaminase[J]. Biomacromolecules, 2005, 6(4): 2299–2304.

[91] Kazenwadel F, Wagner H, Rapp B E, et al. Optimization of enzyme immobilization on magnetic microparticles using 1–ethyl–3–(3–dimethylaminopropyl)carbodiimide (EDC) as a crosslinking agent[J]. Analytical Methods, 2015, 7(24): 10291–10298.

[92] Kiran S, Nune K C, Misra R D. The significance of grafting collagen on polycaprolactone composite scaffolds: processing–structure–functional property relationship[J]. Journal of Biomedical Materials Research Part A, 2015, 103(9): 2919.

[93] Li Y, Zhang J, Huang X, et al. Construction and direct electrochemistry of orientation controlled laccase electrode[J]. Biochemical and Biophysical Research Communications, 2014, 446(1): 201–205.

[94] Ditzler L R, Sen A, Gannon M J, et al. Self–assembled enzymatic monolayer directly bound to a gold surface: activity and molecular recognition force spectroscopy studies[J]. Journal of the American Chemical Society, 2011, 133(34): 13284–13287.

[95] Holland J T, Lau C, Brozik S, et al. Engineering of glucose oxidase for direct electron transfer via site–specific gold nanoparticle conjugation[J]. Journal of the American Chemical Society, 2011, 133(48): 19262.

[96] Gao X, Ni K, Zhao C, et al. Enhancement of the activity of enzyme immobilized on polydopamine–coated iron oxide nanoparticles by rational orientation of formate dehydrogenase[J]. Journal of Biotechnology, 2014, 188:36–41.

[97] Liu T, Zhao Y, Wang X, et al. A novel oriented immobilized lipase on magnetic nanoparticles in reverse micelles system and its application in the enrichment of polyunsaturated fatty acids[J]. Bioresource Technology, 2013, 132(7): 99–102.

[98] Huang D W, Sherman B T, Lempicki R A. Bioinformatics enrichment tools: paths toward the comprehensive functional analysis of large gene lists[J]. Nucleic Acids Research, 2009, 37(1): 1.

[99] 段爱霞，陈晶，刘宏德，等．分子对接方法的应用与发展 [J]. 分析科学学报，2009, 25(4): 473–477.

[100] Kuntz I D, Blaney J M, Oatley S J, et al. A geometric approach to macromolecule–ligand interactions[J]. Journal of Molecular Biology, 1982, 161(2): 269–288.

[101] Ewing T J A, Makino S, Skillman A G, et al. DOCK 4.0: Search strategies for automated molecular docking of flexible molecule databases[J]. Journal of Computer–Aided Molecular Design, 2001, 15(5): 411–428.

[102] Moustakas D T, Lang P T, Pegg S, et al. Development and validation of a modular, extensible

docking program: DOCK 5[J]. J Comput Aided Mol Des. 2006, 20(10–11): 601–619.

[103] 曹一帆 . JAK 激酶抑制剂抗肿瘤作用的分子对接研究 [D]. 南昌：南昌大学 , 2016.

[104] Thirumal K D, Lavanya P, George P D C, et al. A molecular docking and dynamics approach to screen potent inhibitors against fosfomycin resistant enzyme in clinical Klebsiella pneumoniae[J]. Journal of Cellular Biochemistry, 2017, 118(11): 1–7.

[105] Wang X, Chen H, Fu X, et al. A novel antioxidant and ACE inhibitory peptide from rice bran protein: Biochemical characterization and molecular docking study[J]. LWT – Food Science and Technology, 2017, 75:93–99.

[106] Ahmed B, Ashfaq U A, Mirza M U. Medicinal plant phytochemicals and their inhibitory activities against pancreatic lipase: molecular docking combined with molecular dynamics simulation approach[J]. Natural Product Research, 2017:1–7.

[107] Engels M, Se B B, Divakar S, et al. Ligand based pharmacophore modeling, virtual screening and molecular docking studies to design novel pancreatic lipase inhibitors[J]. International Journal of Pharmacy and Pharmaceutical Sciences, 2017, 9(4): 48.

[108] Dileep K V, Tintu I, Sadasivan C. Molecular docking studies of curcumin analogs with phospholipase A_2[J]. Interdisciplinary Sciences Computational Life Sciences, 2011, 3(3): 189–197.

[109] Ramesh kumar, P. Seetha lakshmi, N. Saravani, et al. In silico molecular docking studies on porcine pancreatic phospholipase A_2 against plant extracts of phenolic inhibitors[J]. International Journal of Research in Biomedicine and Biotechnology, 2012, 2(3): 8–16.

[110] Espin M J, Valverde J M, Quintanilla M A S. Stabilization of fluidized beds of particles magnetized by an external field:effects of particle size and field orientation[J]. Journal of Fluid Mechanics, 2013,732: 282–303.

[111] Horio M. Overview of fluidization science and fluidized bed technologies[J]. Fluidized Bed Technologies for Near–Zero Emission Combustion and Gasification, 2013,1: 3–41.

[112] Joachim Werther. Fluidization technology development–the industry/aca–demia collaboration issue[J]. Powder Technology, 2000,113(3): 230–241.

[113] 赵培忠 , 侯家涛 , 王助良 . 磁流化床技术的研究与应用 [J]. 能源研究与利用 , 2008(4): 24–27.

[114] Liu C Z, Wang F, Ou-Yang F. Ethanol fermentation in a magnetically fluidized bed reactor with immobilized Saccharomyces cerevisiae in magnetic particles[J]. Bioresource Technology, 2009, 100(2): 878.

[115] Guo P, Huang F, Huang Q, et al. Retracted article: Optimization of biodiesel production using a magnetically stabilized fluidized bed reactor[J]. Journal of the American Oil Chemists Society, 2012, 89(3): 497-504.

[116] Li H, Cao C, Zhao Y. Hydrodynamic behaviors in gas-solid two-phase magnetic fluidized beds 1. experimental results represented by a dimensionless number[J]. Chemical Engineering and Technology, 2011, 34(5): 760-766.

[117] Shafiee S, Mccay M H, Kuravi S. Effect of magnetic fields on thermal conductivity in a ferromagnetic packed bed[J]. Experimental Thermal and Fluid Science, 2017, 86: 160-167.

[118] Lei L, Liu X, Li Y, et al. Study on synthesis of poly(GMA)-graf ted Fe_3O_4/SiO_x magnetic nanoparticles using atom transfer radical polymerization and their application for lipase immobilization[J]. Materials Chemistry and Physics, 2011, 125: 866-871.

[119] Cabrera-Padilla R Y, Lisboa M C, Fricks A T, et al. Immobilization of Candida rugosa, lipase on poly(3-hydroxybutyrate-co-hydroxyvalerate): a new eco-friendly support[J]. Journal of Industrial Microbiology and Biotechnology, 2012, 39(2): 289-298.

[120] Brandani S, Astarita G. Analysis of the discontinuities in magnetized bubbling fluidized beds[J]. Chemical Engineering Science, 1996, 51(20): 4631-4637.

[121] Kwauk M, Ma X, Ouyang F, et al. Magnetofluidized G / L / S systems[J]. Chemical Engineering Science, 1992, 47(s 13 - 14): 3467 - 3474.

[122] Zhou G X, Chen G Y, Yan B B. Biodiesel production in a magnetically stabilized,fluidized bed reactor with an immobilized lipase in magnetic chitosa microspheres [J]. Biotechnology Letters, 2014, 36(1): 63-68.

[123] 李丽萍，陈冠益，黄业千．固定化细胞磁稳定流化床反应器制备生物柴油[J]. 农业工程学报，2011, 27(10): 238-242.

[124] 于殿宇．毛油连续限制性酶解脱胶技术研究[D]. 哈尔滨：哈尔滨工业大学，2014.

[125] 中国国家标准化管理委员会 . GB/T 5537—2008 粮油检验 磷脂含量的测定 [S]. 北京：中国标准出版社，2008.

[126] 中国国家标准化管理委员会 . GB/T 5530—2005 动植物油脂酸值和酸度测定 [S]. 北京：中国标准出版社，2005.

[127] Avalli A, Contarini G. Determination of phospholipids in dairy products by SPE/HPLC/ELSD[J]. Journal of Chromatography A, 2005, 1071(1–2): 185.

[128] 李脉 . 磷脂酶 A_1 酶活测定方法的研究 [J]. 现代食品科技 , 2007,23(8): 80–82.

[129] Kurioka S Matsuda M Phospholipase C assay using p–nitrophenyl Phosphoryl choline together with sorbitol and its application to studying the metal and detergent requirement of the enzyme[J]. Analytical Biochemistry 1976, 75(1): 281–289.

[130] Liu T Y, Hu S H, Hu S H, et al. Preparation and characterization of thermal–sensitive ferrofluids for drug delivery application[J]. Journal of Magnetism and Magnetic Materials, 2007, 310(2): 2850–2852.

[131] Chang Q, Tang H. Immobilization of horseradish peroxidase on NH_2–modified magnetic Fe_3O_4/SiO_2 particles and its application in removal of 2,4–dichlorophenol[J]. Molecules, 2014, 19(10): 15768–15782.

[132] Fang G, Chen H, Zhang Y, et al. Immobilization of pectinase onto $Fe_3O_4@SiO_2–NH_2$ and its activity and stability[J]. International Journal of Biological Macromolecules, 2016, 88:189–195.

[133] Tsubokawa N, Takayama T. Surface modification of chitosan powder by grafting of ‘dendrimer–like’ hyperbranched polymer onto the surface[J]. Reactive and Functional Polymers, 2000, 43(3): 341–350.

[134] Lee J H, Chang J H. Highly efficient antibody immobilization with multimeric protein Gs coupled magnetic silica nanoparticles[J]. Proceedings of SPIE – The International Society for Optical Engineering, 2011, 8099(38): 103–112.

[135] 苏鹏飞 , 陈国 , 赵珺 . 表面羧基化 Fe_3O_4 磁性纳米粒子的快捷制备及表征 [J]. 高等学校化学学报 , 2011,7: 1472–1477.

[136] Xia G H, Liu W, Jiang X P, et al. Surface modification of $Fe_3O_4@SiO_2$magnetic nanoparticles for

immobilization of lipase[J]. Journal of Nanoscience and Nanotechnology, 2017, 17(1): 370–376.

[137] 李梅基 . 壳聚糖亲和磁性微球的制备、表征及其对凝血酶纯化性能的研究 [D]. 兰州 : 兰州大学 , 2010.

[138] 马云辉 , 陈国 , 赵珺 . 壳聚糖包覆磁性纳米粒子的制备和表征以及蛋白质吸附特性 [J]. 高分子学报 , 2013,11: 1369–1375.

[139] Fang J M, Fowler P A, Tomkinson J, et al. The preparation and characterisation of chemically modified potato starches[J]. Carbohydrate Polymers, 2002,47(3): 245–252.

[140] Lee J, Chang J H. Facile and high–efficient immobilization of histidine–tagged multimeric protein G on magnetic nanoparticles[J]. Nanoscale Research Letters, 2014, 9(1): 664.

[141] Bradford M M. A rapid and sensitive method for the quantitation of microgram quantities of protein utilizing the principle of protein–dye binding[J]. Analytical Biochemistry, 1976, 72(s 1–2): 248 – 254.

[142] Kuo C H, Liu Y C, Chang C M J, et al. Optimum conditions for lipase immobilization on chitosan–coated Fe_3O_4, nanoparticles[J]. Carbohydrate Polymers, 2012, 87(4): 2538–2545.

[143] Muhammad F, Wang A, Guo M, et al. pH dictates the release of hydrophobic drug cocktail from mesoporous nanoarchitecture[J]. Acs Appl Mater Interfaces, 2013, 5(22): 11828–11835.

[144] Hu H, Bhowmik P, Zhao B, et al. Determination of the acidic sites of purified single–walled carbon nanotubes by acid – base titration[J]. Chemical Physics Letters, 2001, 345(1–2): 25–28.

[145] 孙立良 . 高能脉冲磁场测量仪的设计 [J]. 仪器仪表与检测技术 , 2013,32 (7): 62–67.

[146] Cerminati S, Eberhardt F, Elena C E, et al. Development of a highly efficient oil degumming process using a novel phosphatidylinositol–specific phospholipase C enzyme[J]. Applied Microbiology and Biotechnology, 2017, 101(11): 4471–4479.

[147] Dijkstra A J. Enzymatic degumming[J]. European Journal of Lipid Science and Technology, 2010, 112(11): 1178–1189.

[148] Poisson L, Devos M, Godet S, et al. Acyl migration during deacylation of phospholipids rich in docosahexaenoic acid (DHA): an enzymatic approach for evidence and study[J]. Biotechnology Letters, 2009, 31(5): 743–749.

[149] 蒋晓菲 . 磷脂对食用油品质的影响及酶法脱胶技术的研究 [D]. 无锡：江南大学 , 2015.

[150] 杨娇 . 磷脂酶 C 脱除大豆毛油中磷脂效果的研究 [D]. 无锡：江南大学 , 2013.

[151] Pan Y H, Yu B Z, Berg O G, et al. Crystal structure of phospholipase A_2 complex with the hydrolysis products of platelet activating factor: equilibrium binding of fatty acid and lysophospholipid–ether at the active site may be mutually exclusive[J]. Biochemistry, 2002, 41(50): 14790–14800.

[152] Verger R, Haas G H D. Enzyme reactions in a membrane model 1: A new technique to study enzyme reactions in monolayers [J]. Chemistry and Physics of Lipids, 1973, 10(2): 127–136.

[153] Scott D L, Sigler P B. Structure and catalytic mechanism of secretory phospholipases A_2[J]. Advances in Protein Chemistry, 1994, 45(1): 53–88.

[154] Xi F, Wu J, Jia Z, et al. Preparation and characterization of trypsin immobilized on silica gel supported macroporous chitosan bead[J]. Process Biochemistry, 2005, 40(8): 2833–2840.

[155] Heredia K L, Bontempo D, Ly T, et al. In situ preparation of protein– "smart" polymer conjugates with retention of bioactivity[J]. Journal of the American Chemical Society, 2005, 127(48): 16955–16960.

[156] A Lopez–lopez,Mc Lopez–Sabater,C Campoy–Folgoso, et al.Fatty acid and Sn–2 fatty acid composition in human milk from Granada(SpainH) and infant formulas [J]. European Joural of Clinical Nutrition, 2002, 56: 1242–1254.

[157] Bradford M. A rapid and sesitive method for the quantition of microgram quantities of protein utilizing the principle of dye–binding [J]. Anal. Biochem, 1976(72): 248–254.

[158] 朱珊珊 . 磷脂酶 A_1 的固定化及催化合成富含共轭亚油酸磷脂的研究 [D]. 广州：华南理工大学 , 2011.

[159] Fernάndezlorente G, Palomo J M, Mateo C, et al. Glutaraldehyde Cross–Linking of Lipases Adsorbed on Aminated Supports in the Presence of Detergents Leads to Improved Performance[J]. Biomacromolecules, 2006, 7(9): 2610–2615.

[160] 曾淑华 , 杨江 , 徐莉 . 脂肪酶固定化及其稳定性质研究 [J]. 生物技术 , 2006, 16(4): 54–57.

[161] Yang J T, Wu C S, Martinez H M. Calculation of protein conformation from circular dichroism[J]. Methods in Enzymology, 1986, 130(4): 208–269.

[162] Qu Y, Kong C, Zhou H, et al. Catalytic properties of 2,3-dihydroxybiphenyl 1,2-dioxygenase from Dyella Ginsengisoli, LA-4 immobilized on mesoporous silica SBA-15[J]. Journal of Molecular Catalysis B Enzymatic, 2014, 99(1): 136-142.

[163] Debnath S, Das D, Das P K. Unsaturation at the surfactant head: influence on the activity of lipase and horseradish peroxidase in reverse micelles[J]. Biochemical and Biophysical Research Communications, 2007, 356(1): 163.

[164] Zheng L, Brennan J D. Measurement of intrinsic fluorescence to probe the conformational flexibility and thermodynamic stability of a single tryptophan protein entrapped in a sol-gel derived glass matrix[J]. Analyst, 1998, 123(8): 1735-1744.

[165] Hough E, Hansen L K, Birknes B, et al. High-resolution (1.5Å) crystal structure of phospholipase C from Bacillus cereus[J]. Nature, 1989, 338(6213): 357-360.

[166] Liang X, Jiang L, Hou J, et al. The composition and stability of oil bodies from high oil soybean and low oil soybean[J]. Journal of the Chinese Cereals and Oils Association, 2016.

[167] Wang Q L, Li C C, Jiang L Z, et al. Oil bodies extracted from high-fat and low-fat soybeans: stability and composition during storage[J]. Journal of Food Science, 2017.

[168] Ikeda K, Inoue S, Amasaki C, et al. Kinetics of the hydrolysis of monodispersed and micellar phosphatidylcholines catalyzed by a phospholipase C from Bacillus cereus[J]. Journal of Biochemistry, 1991, 110(1): 88-95.

[169] Brady L, Brzozowski A M, Derewenda Z S, et al. A serine protease triad forms the catalytic centre of a triacylglycerol lipase[J]. Nature, 1990, 343(6260): 767-770.

[170] De M L, Vind J, Oxenbøll K M, et al. Phospholipases and their industrial applications[J]. Appl Microbiol Biotechnol, 2007, 76(1): 290-300.

[171] Fernάndezlorente G, Palomo J M, Mateo C, et al. Glutaraldehyde cross-linking of lipases adsorbed on aminated supports in the presence of detergents leads to improved performance[J]. Biomacromolecules, 2006, 7(9): 2610-2615.

[172] Quiocho F A, Richards F M. intermolecular caoss linking of a protein in the crystalline state: carboxypeptidase-A[J]. Proceedings of the National Academy of Sciences of the United States of

America, 1964, 52(3): 833.

[173] Li W, Tian Y, Zhang B, et al. Fabrication of a Fe_3O_4@SiO_2 @mSiO_2 -HPG-COOH-Pd(0) supported catalyst and its performance in catalyzing the Suzuki cross-coupling reaction[J]. New Journal of Chemistry, 2015, 39(4): 2767-2777.

[174] Guanghui Zhao, Jianzhi Wang, Yanfeng Li, et al. Reversible immobilization of glucoamylase onto metal - ligand functionalized magnetic FeSBA-15[J]. Biochemical Engineering Journal, 2012:159 - 166.

[175] 刘宁，赵谋明，汪勇，等．磷脂酶 Lecitase-Ultra 的固定化、结构表征及性质研究 [C]// 管产学研助推食品安全重庆高峰论坛——2011 年中国农业工程学会农产品加工及贮藏工程分会学术年会暨全国食品科学与工程博士生学术论坛论文集，2011.

[176] Peng H, Rübsam K, Jakob F, et al. Tunable Enzymatic Activity and Enhanced Stability of Cellulase Immobilized in Biohybrid Nanogels[J]. Biomacromolecules, 2016.

[177] Li H, Lu X, Kwauk M. Particulatization of gas-solid fluidization[J]. Powder Technology, 2003,137(1-2): 54-62.

[178] Li H, Cao C, Zhao Y. Hydrodynamic behaviors in gas-solid two-phase magnetic fluidized beds experimental results represented by a dimensionless number[J]. Chemical Engineering and Technology, 2011,34(5): 760-766.

[179] Espin M J, Valverde J M, Quintanilla M A S, et al. Stabilization of gas-fluidized beds of magnetic powders by a cross-flow magnetic field[J]. Journal of Fluid Mechanics, 2011,680: 80-113.

[180] Lamas D L, Crapiste G H, Constenla D T. Changes in quality and composition of sunflower oil during enzymatic degumming process[J]. LWT – Food Science and Technology, 2014, 58(1): 71-76.

[181] Lin Mei, Liang Wang, Li Q, et al. Comparison of acid degumming and enzymatic degumming process for Silybum marianum, seed oil[J]. Journal of the Science of Food and Agriculture, 2013, 93(11): 2822-2828.

[182] Liu K T, Gao S, Chung T W, et al. Effect of process conditions on the removal of phospholipids from Jatropha curcas, oil during the degumming process[J]. Chemical Engineering Research and Design, 2012, 90(9): 1381-1386.

[183] Kumar M A, Kona M, Suman M, et al. Degumming of palm oil by phospholipase A_2[J]. Advances in Life Sciences, 2013.

[184] Cerminati S, Eberhardt F, Elena C E, et al. Development of a highly efficient oil degumming process using a novel phosphatidylinositol-specific phospholipase C enzyme[J]. Applied Microbiology and Biotechnology, 2017, 101(11): 4471–4479.

[185] 张康逸，张丽霞，屈凌波，等．溶血磷脂酰基转移机理及有效影响因子研究 [J]. 有机化学，2014,32: 1–11.

[186] Ponpipom M M, Bugianesi R L. Isolation of 1,3–distearoyl–glycero–2– phosphocholine (beta–lecithin) from commercial 1,2–distearoyl–Sn–glycero– 3–phosphocholine [J]. Journal of Lipid Research, 1980,21(1): 136–139.

[187] 张康逸，张丽霞，王兴国，等．磷脂酶 A_1(LecitaseUltra) 的氨基酸序列分析及催化机理 [J]. 中国粮油学报，2016, 31(2): 70–74.

[188] 汪勇，王丽丽．磷脂酶 A_1(Lecitase Ultra) 催化水解油脂机理研究（Ⅰ）——磷脂酶 A_1(Lecitase Ultra) 组成及酶学特性 [J]. 中国油脂，2009, 34(10): 36–41.

[189] 杨继国，杨博，周瑢，等．酶法脱胶过程反应机理的研究 [J]. 中国油脂，2007, 32(9): 35–37.

[190] Essen L O, Perisic O, Katan M, et al. Structural mapping of the catalytic mechanism for a mammalian phosphoinositide–specific phospholipase C[J]. Biochemistry, 1997, 36(7): 1704.

[191] Kubiak R J, Yue X, Hondal R J, et al. Involvement of the Arg–Asp–His catalytic triad in enzymatic cleavage of the phosphodiester bond[J]. Biochemistry, 2001, 40(18): 5422–5432.

[192] Ackerman S J, Kwatia M A, Doyle C B, et al. Hydrolysis of surfactant phospholipids catalyzed by phospholipase A_2 and eosinophil lysophospholipases causes surfactant dysfunction: a mechanism for small airway closure in asthma[J]. Chest, 2003, 123(3 Suppl): 355S.

[193] Scott D L, White S P, Otwinowski Z, et al. Interfacial catalysis: The mechanism of phospholipase A_2[J]. Science, 1990, 250(4987): 1541–1546.

[194] Min S, Lee B, Yoon S. Deep learning in bioinformatics[J]. Briefings in Bioinformatics, 2017, 18(5): 851.

[195] Tyagi S, Pleiss J. Biochemical profiling in silico––predicting substrate specificities of large enzyme

families[J]. Journal of Biotechnology, 2006, 124(1): 108–116.

[196] Juhl P B, Doderer K, Hollmann F, et al. Engineering of Candida antarctica, lipase B for hydrolysis of bulky carboxylic acid esters[J]. Journal of Biotechnology, 2010, 150(4): 474–480.

[197] Piamtongkam R, Duquesne S, Bordes F, et al. Enantioselectivity of Candida rugosa lipases (Lip1, Lip3, and Lip4) towards 2–bromo phenylacetic acid octyl esters controlled by a single amino acid[J]. Biotechnology and Bioengineering, 2011, 108(8): 1749–1756.

[198] 陈新营，魏荣卿，何冰芳，等．梳状亲水性环氧基载体固定化 Pseudomonas stutzeri LC2–8 脂肪酶 [J]. 高校化学工程学报，2012, 26(4): 635–639.

[199] Miladi B, El M A, Boeuf G, et al. Oriented immobilization of the tobacco etch virus protease for the cleavage of fusion proteins[J]. Journal of Biotechnology, 2012, 158(3): 97–103.

[200] Hornak J, Harvanek L, Trnka P, et al. Possibilities of modification of polymer/SiO_2 composite by various types of carrier[C]// Diagnostics in Electrical Engineering. IEEE, 2016:1–4.

[201] Alireza Rezania , Robert Johnson, A R L, et al. Bioactivation of metal oxide surfaces. surface characterization and cell response[J]. Langmuir, 1999, 15(20): 6931–6939.

[202] Corr S A, Rakovich Y P, Gun’Ko Y K. Multifunctional magnetic–fluorescent nanocomposites for biomedical applications[J]. Nanoscale Research Letters, 2008, 3(3): 87–104.

[203] 李佳男，谢湉，胡升，等．羧基化磁性微球固定化谷氨酸脱羧酶 [J]. 化工学报，2017, 68(4): 1550–1557.

[204] 张佳宁，宋云花，王玥，等．海藻酸钠 – 壳聚糖固定化磷脂酶 A_2 的研究 [J]. 食品工业科技，2012, 33(21): 201–205.

[205] Turcheniuk K, Tarasevych A V, Kukhar V P, et al. Recent advances in surface chemistry strategies for the fabrication of functional iron oxide based magnetic nanoparticles[J]. Nanoscale, 2013, 5(22): 10729–10752.

[206] Chen Y, Xin Y, Yang H, et al. Immobilization and stabilization of cholesterol oxidase on modified sepharose particles[J]. International Journal of Biological Macromolecules, 2013, 56(5): 6–13.

[207] Vikbjerg A F, Mu H, Xu X. Synthesis of structured phospholipids by immobilized phospholipase A_2 catalyzed acidolysis[J]. Journal of Biotechnology, 2007, 128(3): 545–554.

[208] Pan M Z, Chai Y H, Peng D U. Study on enzyme catalyzed degumming of soybean oil by a phospholipase A_1[J]. Science and Technology of Food Industry, 2008.

[209] Yang B, Zhou R, Yang J G, et al. Insight into the enzymatic degumming process of soybean oil[J]. Journal of the American Oil Chemists' Society, 2008, 85(5): 421–425.

[210] Liu M Q, Dai X J, Guan R F, et al. Immobilization of aspergillus niger xylanase a on Fe_3O_4 –coated chitosan magnetic nanoparticles for xylooligosaccharide preparation[J]. Catalysis Communications, 2014, 55(19): 6–10.

[211] Sommaruga S, Galbiati E, Peñaranda–Avila J, et al. Immobilization of carboxypeptidase from Sulfolobus solfataricus, on magnetic nanoparticles improves enzyme stability and functionality in organic media[J]. Bmc Biotechnology, 2014, 14(1): 1–9.

[212] Xu J, Sun J, Wang Y, et al. Application of iron magnetic nanoparticles in protein immobilization[J]. Molecules, 2014, 19(8): 11465–11486.

[213] Qu Y, Sun L, Li X, et al. Enzymatic degumming of soybean oil with magnetic immobilized phospholipase A_2[J]. LWT – Food Science and Technology, 2016, 73:290–295.

附 录

表 1　中英文缩写词对照表

缩略词	英文全称	中文全称
PLA_1	Phospholipase A_1	磷脂酶 A_1
PLA_2	Phospholipase A_2	磷脂酶 A_2
PLB	Phospholipase B	磷脂酶 B
PLC	Phospholipase C	磷脂酶 C
PLD	Phospholipase D	磷脂酶 D
PC	Phosphatidylcholine	磷脂酰胆碱
PE	Phosphatidylethanolamine	磷脂酰乙醇胺
PI	Phosphatidylinositol	磷脂酰肌醇
PA	Phosphatidic acid	磷脂酸
FFA	Free fatty acids	游离脂肪酸
PDB	Protein Data Bank	蛋白质数据库
EDC	*N*–（3–Dimethylaminopropyl）–*N′*–ethylcarbodiimide hydrochloride	1–（3– 二甲氨基丙基）–3– 乙基碳二亚胺盐酸盐
NHS	*N*–Hydroxysuccinimide	*N*– 羟基琥珀酰亚胺
APS	（3–Aminopropyl）trimethoxysilane	氨丙基三甲氧基硅烷
APTES	Aminopropyltriethoxysilane	氨基丙基三乙氧基甲硅烷
TEOS	Tetraethyl orthosilicate	正硅酸乙酯
sulfo–SMCC	4–（*N*–Maleimidomethyl）cyclohexane–1–carboxylic acid 3–sulfo–*N*–hydroxysuccinimide ester sodium salt	4–（*N*– 马来酰亚胺甲基）环己烷 –1– 羧酸磺酸基琥珀酰亚胺酯
SA	Succinic anhydride	丁二酸酐
MAH	Maleic anhydride	顺丁烯二酸酐
HPG	Hyperbranched polyglycidol	超支化聚缩水甘油
SEM	Scanning electron microscope	扫描电镜
XRD	X–ray diffractometer	X 射线衍射仪

表 2 试验中的主要试剂

药品名称	供应商
磷脂酶 A_1（初始酶活 6030 U/mL）	Novozymes 公司
磷脂酶 A_2（初始酶活 2520 U/mL）	德国 AB 公司
磷脂酶 C（初始酶活 9100 U/mL）	荷兰帝斯曼公司
大豆毛油（磷含量 355mg/kg）（FFA 含量 0.97g/100g）	九三集团铁岭大豆科技有限公司
大豆脱胶毛油（磷含量 10mg/kg）	九三集团铁岭大豆科技有限公司
PC 标准品	Sigma–Aldrich 公司
PE 标准品	Sigma–Aldrich 公司
PI 标准品	Sigma–Aldrich 公司
PA 标准品	Sigma–Aldrich 公司
四氧化三铁（Fe_3O_4）	（克拉玛尔）上海谱震生物科技有限公司
1–（3– 二甲氨基丙基）–3– 乙基碳二亚胺盐酸盐（EDC）	湖北远成赛创科技有限公司
N– 羟基琥珀酰亚胺（NHS）	贝特斯试剂公司
氨丙基三甲氧基硅烷（APS）	成都化夏化学剂有限公司
氨丙基三乙氧基硅烷（APTES）	上海艾研生物科技有限公司
Tween20	邢台蓝星助剂厂
正硅酸乙酯（TEOS）	张家港新亚化工有限公司
4–（*N*– 马来酰亚胺甲基）环己烷 –1– 羧酸磺酸基琥珀酰亚胺酯钠盐（sulfo–SMCC）	上海纯试生物技术有限公司
缩水甘油	Sigma–Aldrich 公司
考马斯亮蓝 G–250	合肥博美生物科技有限责任公司
丁二酸酐（SA）	湖北盛天恒创生物科技有限公司
顺丁烯二酸酐（MAH）	湖北盛天恒创生物科技有限公司
磷酸氢二钠	国药集团
磷酸二氢钠	国药集团
氨水	国药集团
乙醇	国药集团
酚酞	国药集团
氢氧化钠	国药集团

续表

药品名称	供应商
盐酸	国药集团
丙酮	国药集团
乙醚	国药集团
氧化锌	国药集团
氯化钙	国药集团

表 3 试验中的主要仪器和设备

仪器设备	厂家
JSM-6610 扫描电子显微镜	日本岛津公司
XRD-6100 X 射线衍射仪	日本岛津公司
NANOPHOX 振荡样品磁强计	MicroSense 公司
激光纳米粒度分析仪	德国新帕泰克有限公司
XDS Transmission OptiProbe 近红外光谱分析仪	瑞士万通中国有限公司
1525 高效液相色谱仪	美国 Waters 公司
J-815 圆二色光谱仪	日本 Jasco 公司
F-4500 荧光分光光度计	日本日立公司
液固双循环磁流化床	东北农业大学自制
WYK-305 霍尔传感器	上海光川工控设备公司
NJK-5002 转子流量计	天津流量仪表有限公司
THZ-82 恒温水浴振荡器	江苏友联仪器制造公司
远红外线电热恒温干燥箱	上海仙象实验设备有限公司
LG10-2.4A 高速离心机	北京市医用离心机厂
SB25-12DT 超声波清洗机	宁波新芝生物科技股份有限公司
913 pH 计	瑞士万通中国有限公司
722E 分光光度计	上海光谱仪器有限公司
SHZ-D（Ⅲ）循环水式真空泵	广州海辉仪器有限公司
AL204 分析天平	梅特勒 - 托利多有限公司
莱伯泰科 EV351 旋转蒸发仪	北京莱伯泰科仪器股份有限公司

彩 图

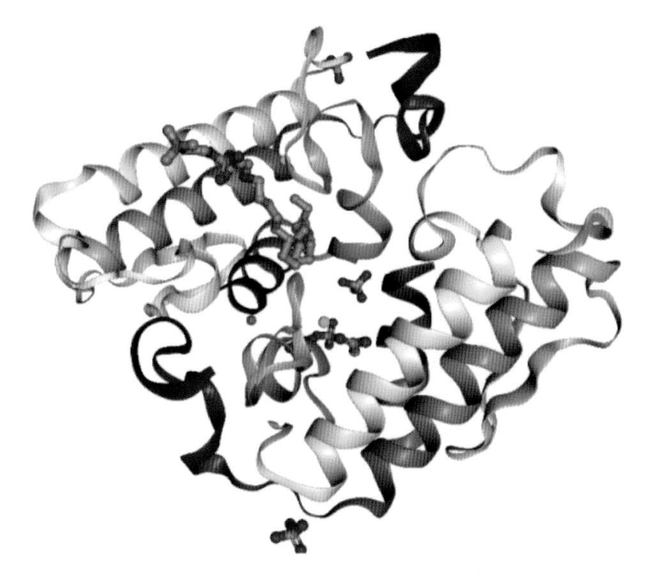

图 1 PLA_2（1L8S）的 3D 结构

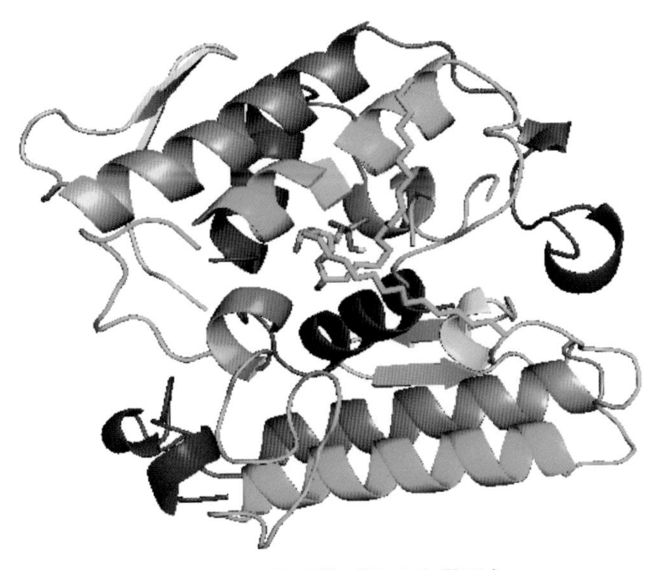

图 2 PLA_2 与配体对接（全景图）

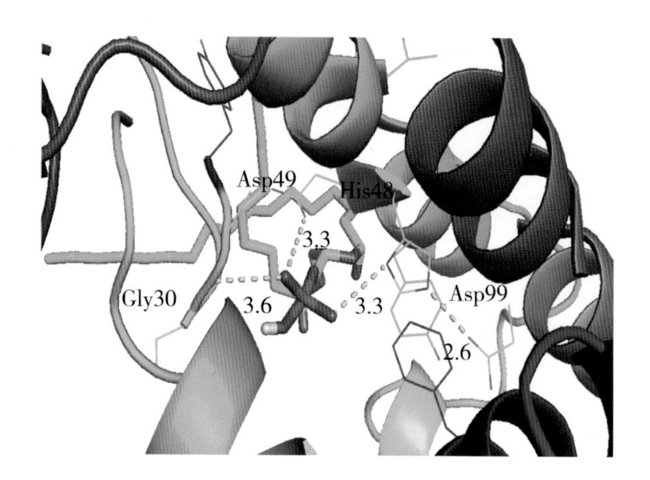

图 3　PLA_2 与配体对接（局部放大图）

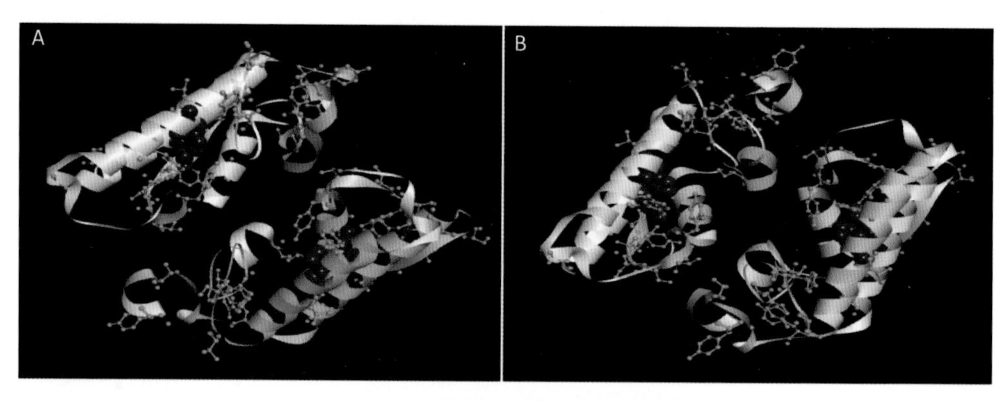

图 4　PLA_2 中带有—OH 的氨基酸分布

（红色为活性中心氨基酸，绿色为 Ser、Tyr、Thr 残基）

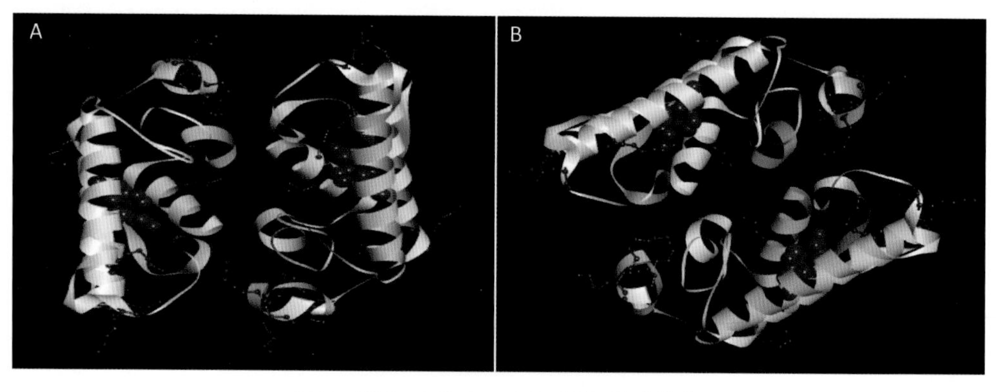

图 5　PLA_2 中带有 ε-NH_2 的氨基酸分布

（红色为活性中心氨基酸，蓝色为 Lys 残基）

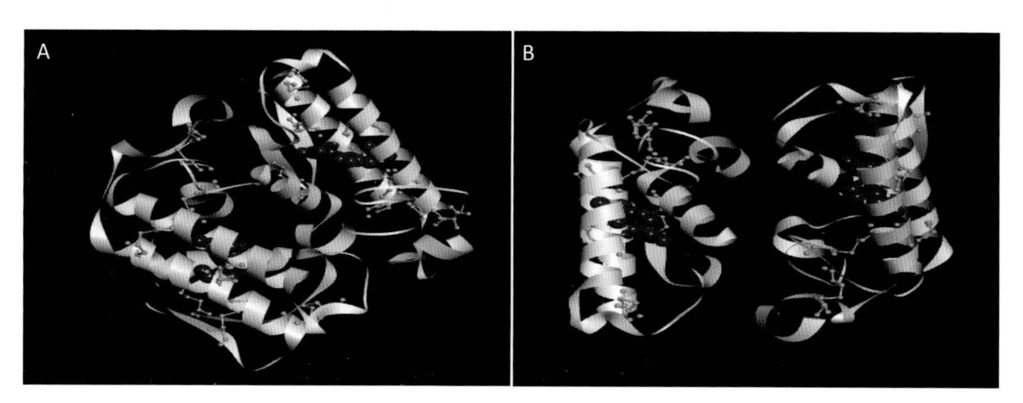

图 6 PLA_2 中带有—SH 的氨基酸分布

（红色为活性中心氨基酸，黄色为 Cys 残基）

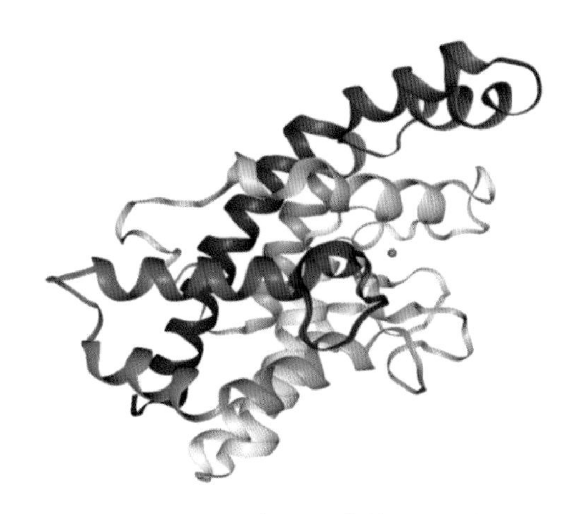

图 7 PLC（1AH7）的 3D 结构

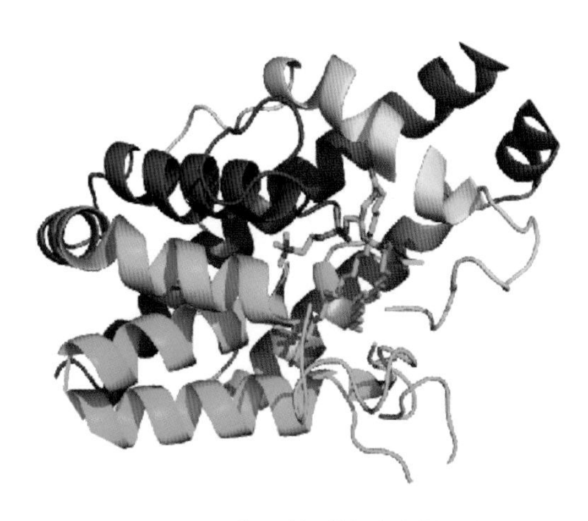

图 8 PLC 与配体对接（全景图）

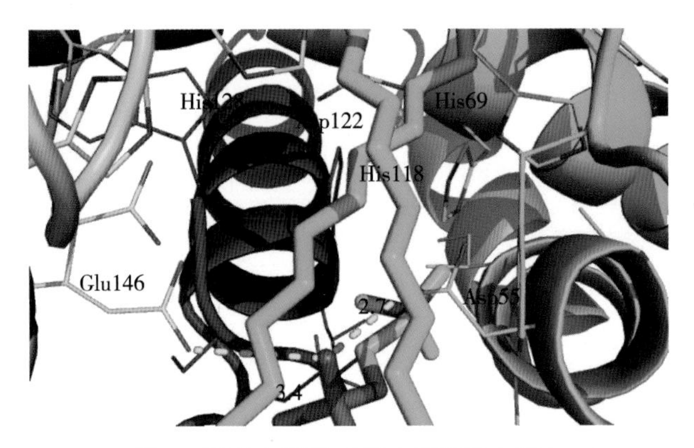

图 9　PLC 与配体对接（局部放大图）

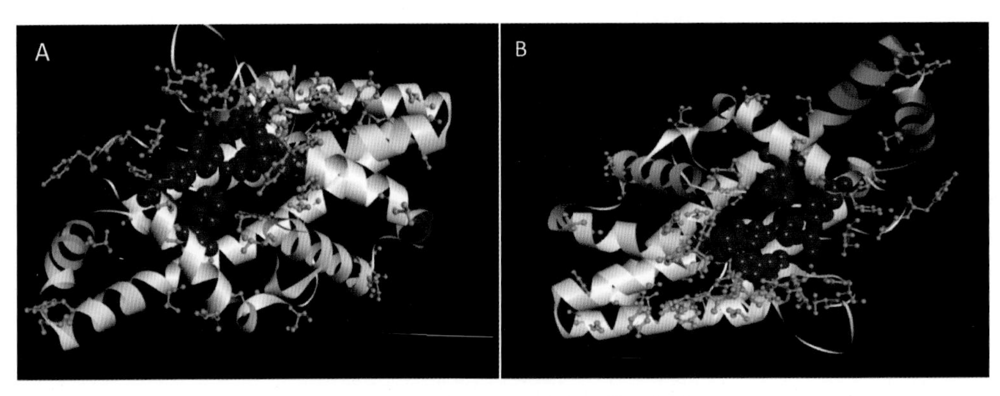

图 10　PLC 中带有羟基的氨基酸分布

（红色为活性中心氨基酸，绿色为 Ser、Tyr、Thr 残基）

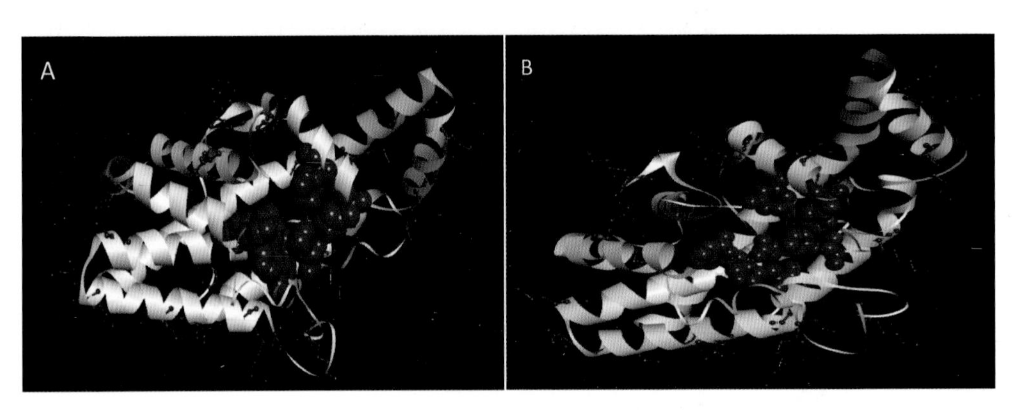

图 11　PLC 中带有 ε-NH_2 的氨基酸分布

（红色为活性中心氨基酸，蓝色为 Lys 残基）